Die

Maße und Gewichte

des

metrischen Systemes.

Als Leitfaden beim Unterricht des metrischen Maßsystemes,
sowie für den praktischen Gebrauch,

nach dem Französischen von Saigey bearbeitet

von

Dr. Georg Klein,

kgl. Lehrer der Mathematik und Physik an der Kreisgewerbeschule zu München.

Mit Holzschnitten.

**Sechste nach dem Reichsgesetze vom 26. November 1871 umgearbeitete
Auflage.**

Durch Rescript des K. Ministeriums für Kirchen- u. Schulangelegenheiten vom
17. Nov. 1869, Nr. 10103, abgedruckt im Ministerialblatt dieses Ministeriums
1869, Nr. 28, zum Unterricht der Lehrer verordnet.
Durch Rescript des K. Ministeriums des Handels und der öffentlichen Arbeiten
vom 28. November 1869 den technischen Unterrichts-Anstalten empfohlen.

München 1872.
Verlag von R. Oldenbourg.

Vorwort.

Mit dem 1. Januar 1872 tritt die neue Maß- und Gewichtsordnung im ganzen Umfange des Königreichs Bayern in Wirksamkeit; die Anwendung der metrischen Maße und Gewichte ist jedoch bereits vom 1. Januar 1870 an gestattet, insofern die Betheiligten hierüber einig sind. Jedenfalls ist es nun Aufgabe der Schulen, sobald als möglich diese Maße und Gewichte, sowie das System, welches der neuen Maßordnung zu Grunde liegt, zum Gegenstand des Unterrichtes zu machen. Ein Leitfaden für den Unterricht tritt hienach als Bedürfniß entgegen.

Es war natürlich, bei Abfassung desselben sich zunächst in der Literatur der Länder, in denen das metrische System schon seit geraumer Zeit eingeführt ist, also in der französischen und belgischen, umzusehen. Unter allen, diesen Gegenstand behandelnden, Schriften schien mir die in vielen Auflagen erschienene „Pratique des poids et mesures par Saigey" die geeignetste, und deßhalb habe ich diese als Grundlage für meine Arbeit benützt. Daß ich sehr häufig von dieser Schrift abweichen und den Lehrstoff unsern Verhältnissen anpassen mußte, ist selbstverständlich. Dagegen habe ich die Form, in der dieselbe abgefaßt ist, beibehalten. Der Lehrstoff wurde also wie dort nach einzelnen Lektionen abgetheilt; nicht etwa, als ob damit ausgesprochen sein sollte, daß man sich an diesen Gang zu halten habe, sondern lediglich aus dem Grunde, weil gerade in dieser Form das Original sich bewährt und viele Auflagen erlebt hat, und weil es für den Lehrer immer von Interesse sein kann, die Form kennen zu lernen, deren ein anderer bewährter Lehrer sich bedient hat, auch dann, wenn er, wie sich dieß ganz von selbst versteht, eine, seiner Individualität entsprechende, Form wählt. Es bleibt ja ohnedieß der Thätigkeit der Lehrer überlassen, durch Auf=

gabensammlungen für den Arithmetik=Unterricht für die weitere Einübung des Systems Sorge zu tragen.

Durch die genauere Ausführung einzelner Kapitel, ich nenne hier z. B. die über Gewichte und Wagen handelnden Abschnitte, sowie durch angehängte Reduktionstabellen des alten bayerischen Maßsystemes ins neue und umgekehrt, suchte ich vorliegende Schrift auch für den praktischen Gebrauch anwendbar zu machen.

Möge diese meine erste Arbeit, die ich der Oeffentlichkeit übergebe, ihren Zweck erreichen und eine rücksichtsvolle Aufnahme finden.

München, im Oktober 1869.

Der Verfasser.

Vorwort zur dritten Auflage.

Vorliegender Schrift, von welcher nach wenigen Monaten eine dritte Auflage nothwendig wurde, ist die hohe Ehre zu Theil geworden, sowohl vom kgl. Staatsministerium für Kirchen= und Schulangelegenheiten als auch vom kgl. Staatsministerium des Handels und der öffentlichen Arbeiten den Schulen empfohlen zu werden.

Diese hohe Ehre machte es mir zur Pflicht, überall da Verbesserungen eintreten zu lassen, wo sie am Platze schienen, damit gegenwärtige Schrift in ihrer neuen Auflage soviel als möglich ihrem Zweck: Als Leitfaden bei Einübung des metrischen Systemes zu dienen, entspreche.

Vermehrt wurde die neue Auflage durch einen Abschnitt über die Bestimmung des Feingehaltes von Gold und Silber unter Zugrundelegung des Kilogramms als Einheit; hiebei benützte ich die Schrift: Gold und Silber 2c. von Millauer.

Möge auch diese neue Auflage eine geneigte Aufnahme finden.

München, im Februar 1870.

Der Verfasser.

Vorwort zur sechsten Auflage.

Durch den Eintritt Bayerns ins deutsche Reich sind die Unterschiede, welche zwischen dem bayerischen Gesetz, die Maß- und Gewichtsordnung betreffend, vom 29. April 1869, und zwischen der Maß- und Gewichtsordnung für den früheren Norddeutschen Bund vom 17. August 1868 bestanden, gefallen; die Maß- und Gewichtsordnung ist fortan für Deutschland eine gemeinschaftliche.

Dieser Umstand veranlaßte eine Umarbeitung mehrerer Theile vorliegender Schrift, so der Abschnitt über Flächenmaße, Gewichte u. s. w. Zugleich benutzte ich diese Gelegenheit, um mehrere Capitel durch neue Aufgaben und Erfahrungen zu bereichern.

Im ersten Abschnitt findet sich außer den betreffenden Gesetzen auch die Eichordnung vom 12. Dezember 1871, die sehr Vielen eine wünschenswerthe Beigabe sein wird.

Neu hinzugekommen ist ferner bei dieser Auflage als Anhang eine Anleitung zum Gebrauche des neuen Maßes und Gewichtes, wie solche als Grundlage für die Vorträge über Maß und Gewicht von Seite des Münchener Volksbildungsvereins von einer Commission, deren Mitglied der Verfasser war, ausgearbeitet wurde. Ich bemerke dazu ausdrücklich, daß dieselbe nicht für die Schule, sondern lediglich für den praktischen Gebrauch bei dem gegenwärtigen Uebergang zum metrischen Maßsystem bestimmt ist.

Ich empfehle auch die neue Auflage dem Wohlwollen des Publikums.

München, im Februar 1872.

Der Verfasser.

Inhalts-Verzeichniß.

~~~~~~

Seit

(Nr. 737).

Gesetz,

betreffend die Einführung der Maß- und Gewichtsordnung für den Norddeutschen Bund vom 17. August 1868 in Bayern. Vom 26. November 1871.

—

Wir **Wilhelm**, von Gottes Gnaden Deutscher Kaiser, König von Preußen ꝛc. verordnen im Namen des Deutschen Reichs, nach erfolgter Zustimmung des Bundesrathes und des Reichstages, was folgt:

§. 1.

Die Maß- und Gewichtsordnung für den Norddeutschen Bund vom 17. August 1868 wird nach Maßgabe der in den nachfolgenden Paragraphen enthaltenen näheren Bestimmungen vom 1. Januar 1872 an als Reichsgesetz im Königreich Bayern eingeführt.

§. 2.

Die in Bayern bestehenden Feldmaße können bis zum 1. Januar 1878 noch in Geltung bleiben.

§. 3.

Die Artikel 15 bis 20 der Maß- und Gewichtsordnung vom 17. August 1868 leiden auf Bayern keine Anwendung. Es bleiben daselbst die Artikel 11 und 12 des bayerischen Gesetzes, die Maß- und Gewichtsordnung betreffend, vom 29. April 1869 in Kraft, welche folgendermaßen lauten:

Artikel 11.

Die Eichung und Stempelung erfolgt ausschließlich durch obrigkeitlich bestellte Personen, welche mit den erforderlichen, nach den Normalmaßen und Gewichten hergestellten Eichungsnormalen versehen sind.

Die Anfertigung der Eichungsnormale und deren periodisch wiederkehrende Vergleichung mit den Normalmaßen und Gewichten fällt in den Geschäftskreis der Normal-Eichungs=Kommission.

Artikel 12.

Die Vorschriften über die innere Einrichtung und den Geschäftsbetrieb der Normal=Eichungs=Kommission, sowie über die Bestellung, Unterhaltung und den Wirkungskreis der zur Ausführung dieses Gesetzes noch weiter erforderlichen technischen Organe;

die Vorschriften über Material, Gestalt, Bezeichnung und sonstige Beschaffenheit der Maße und Gewichte und der übrigen Meßvorrichtungen, welche zu eichen und zu stempeln sind;

die Bestimmung darüber, welche Arten von Waagen im öffentlichen Verkehre oder nur zu besonderen gewerblichen Zwecken angewendet werden dürfen, sowie die Festsetzung der Bedingungen ihrer Stempelfähigkeit;

die Vorschriften über das Verfahren bei der Eichung und Stempelung, über die hiebei innezuhaltenden Fehlergrenzen, dann über die Stempel= und Eichzeichen, die Feststellung der Termine, in welchen die zum Messen und Wägen im öffentlichen Verkehre dienenden Maße, Gewichte, Waagen und Meßvorrichtungen der wiederholten Eichung und Stempelung zu unterziehen sind;

die Bestimmung der Maße, Gewichte, Waagen und Meßvorrichtungen, welche jeder Gewerbtreibende zum Betriebe seines Geschäfts haben muß;

die Vorschriften über die Visitationen der Maße, Gewichte, Waagen und Meßvorrichtungen;

die Festsetzung der Eich= und Verifikations=Gebühren werden der Verordnung vorbehalten.

Es hat jedoch die bayerische Normal=Eichungskommission die von ihr anzuwendenden Normale von der Normal-Eichungskommission des Deutschen Reichs zu beziehen, die Vorschriften über Material, Gestalt, Bezeichnung und sonstige Beschaffenheit der Maße und Gewichte, über die Bedingungen der Stempelfähigkeit der Waagen, über die Einrichtung der sonstigen Meßwerkzeuge, sowie über die Zulassung anderweiter Geräthschaften zur Eichung und Stempelung gleichförmig mit denen der Normal=Eichungs= kommission des Reichs zu erlassen, und das bei der Eichung und Stempelung zu beobachtende Verfahren, sowie die von Seiten der Eichungsstellen inne zu haltenden Fehlergrenzen gleichmäßig zu bestimmen.

Urkundlich unter Unserer Höchsteigenhändigen Unter= schrift und beigedrucktem Kaiserlichen Insiegel.

Gegeben Berlin, den 26. November 1871.

(L. S.) **Wilhelm.**

Fürst v. Bismarck.

II.

(Nr. 156.)

Maß= und Gewichts=Ordnung
für den Norddeutschen Bund.

Vom 17. August 1868.

Wir Wilhelm, von Gottes Gnaden König von Preußen ꝛc., verordnen im Namen des Norddeutschen Bundes, nach erfolgter Zustimmung des Bundesrathes und des Reichstages, was folgt:

Artikel 1.

Die Grundlage des Maßes und Gewichtes ist das Meter oder der Stab, mit dezimaler Theilung und Ver= vielfachung.

Artikel 2.

Als Urmaß gilt derjenige Platinstab, welcher im Be= sitze der Königlich Preußischen Regierung sich befindet, im Jahre 1863 durch eine von dieser und der Kaiserlich französischen Regierung bestellte Kommission mit dem in dem Kaiserlichen Archive zu Paris aufbewahrten Mètre des Archives verglichen und bei der Temperatur des schmelzenden Eises gleich 1,00000301 Meter befunden worden ist.

Artikel 3.

Es gelten folgende Maße:

A. Längenmaße.

Die Einheit bildet das Meter oder der Stab.

1*

Der hundertste Theil des Meters heißt das Zentimeter oder der Neu-Zoll.

Der tausendste Theil des Meters heißt das Millimeter oder der Strich.

Zehn Meter heißen das Dekameter oder die Kette.

Tausend Meter heißen das Kilometer.

B. Flächenmaße.

Die Einheit bildet das Quadratmeter oder der Quadratstab.

Hundert Quadratmeter heißen das Ar.

Zehntausend Quadratmeter heißen das Hektar.

C. Körpermaße.

Die Grundlage bildet das Kubikmeter oder der Kubikstab.

Die Einheit ist der tausendste Theil des Kubikmeters und heißt das Liter oder die Kanne.

Das halbe Liter heißt der Schoppen.

Hundert Liter oder der zehnte Theil des Kubikmeters heißt das Hektoliter oder das Faß.

Fünfzig Liter sind ein Scheffel.

Artikel 4.

Als Entfernungsmaß dient die Meile von 7500 Metern.

Artikel 5.

Als Urgewicht gilt das im Besitze der Königlich Preußischen Regierung befindliche Platinkilogramm, welches mit Nr. 1 bezeichnet, im Jahre 1860 durch eine von der Königlich Preußischen und der Kaiserlich Französischen Regierung niedergesetzte Kommission mit dem in dem Kaiserlichen Archive zu Paris aufbewahrten Kilogramme prototype verglichen und gleich 0,999999842 Kilogramm befunden worden ist.

Artikel 6.

Die Einheit des Gewichts bildet das Kilogramm (gleich zwei Pfund). Es ist das Gewicht eines Liters destillirten Wassers bei +4 Gr. des hunderttheiligen Thermometers.

Das Kilogramm wird in 1000 Gramme getheilt, mit dezimalen Unterabtheilungen.

Zehn Gramme heißen das Dekagramm oder das Neu-Loth.

Der zehnte Theil eines Gramms heißt das Dezigramm, der hundertste das Zentigramm, der tausendste das Milligramm.

Ein halbes Kilogramm heißt das Pfund.

50 Kilogramm oder 100 Pfund heißen der Zentner.

1000 Kilogramm oder 2000 Pfund heißen die Tonne.

Artikel 7.

Ein von diesem Gewichte (Art. 6) abweichendes Medizinalgewicht findet nicht statt.

Artikel 8.

In Betreff des Münzgewichtes verbleibt es bei den im Art. 1 des Münzvertrags vom 24. Januar 1857 gegebenen Bestimmungen.

Artikel 9.

Nach beglaubigten Copien des Urmaßes (Art. 2) und des Urgewichtes (Artikel 5) werden die Normalmaße und Normalgewichte hergestellt und richtig erhalten.

Artikel 10.

Zum Zumessen und Zuwägen im öffentlichen Verkehre dürfen nur in Gemäßheit dieser Maß= und Gewichtsordnung gehörig gestempelte Maße, Gewichte und Waagen angewendet werden.

Der Gebrauch unrichtiger Maße, Gewichte und Waagen ist untersagt, auch wenn dieselben im Uebrigen den Bestimmungen dieser Maß= und Gewichtsordnung entsprechen. Die näheren Bestimmungen über die äußersten Grenzen der im öffentlichen Verkehre noch zu duldenden Abweichungen von der absoluten Richtigkeit erfolgen nach Vernehmung der im Art. 18 bezeichneten technischen Behörde durch den Bundesrath.

Artikel 11.

Bei dem Verkaufe weingeistiger Flüssigkeiten nach Stärkegraden dürfen zur Ermittlung des Alkoholgehaltes nur gehörig gestempelte Alkoholometer und Thermometer angewendet werden.

Artikel 12.

Der in Fässern zum Verkauf kommende Wein darf dem Käufer nur in solchen Fässern, auf welchen die den

Raumgehalt bildende Zahl der Liter durch Stempelung be=
glaubigt ist, überliefert werden.

Eine Ausnahme hiervon findet nur bezüglich desjenigen
ausländischen Weines statt welcher in den Originalgebinden
weiter verkauft wird.

Artikel 13.

Gasmesser, nach welchen die Vergütung für den Ver=
brauch von Leuchtgas bestimmt wird, sollen gehörig ge=
stempelt sein.

Artikel 14.

Zur Eichung und Stempelung sind nur diejenigen
Maße und Gewichte zuzulassen, welche den in Art. 3 und 6
dieser Maß= und Gewichtsordnung benannten Größen, oder
ihrer Hälfte, sowie ihrem Zwei=, Fünf=, Zehn= und Zwanzig=
fachen entsprechen. Zulässig ist ferner die Eichung und
Stempelung des Viertel=Hektoliter, sowie fortgesetzter Hal=
birungen des Liter.

Artikel 21.

Diese Maß= und Gewichts=Ordnung tritt mit dem
1. Januar 1872 in Kraft.

Die Landes=Regierungen haben die Verhältnißzahlen
für die Umrechnung der bisherigen Landesmaße und Ge=
wichte in die neuen festzustellen und bekannt zu machen,
und sonst alle Anordnungen zu treffen, welche, außer den
nach Artikel 18 der technischen Bundes=Centralbehörde vor=
behaltenen Vorschriften zur Sicherung der Ein= und Durch=
führung der in dieser Maß= und Gewichtsordnung, namentlich
in Artikel 10, 11, 12 und 13 enthaltenen Bestimmungen
erforderlich sind.

Artikel 22.

Die Anwendung der dieser Maß= und Gewichtsordnung
entsprechenden Maße und Gewichte ist bereits vom 1. Januar
1870 an gestattet, insoferne die Betheiligten hierüber einig sind.

Artikel 23.

Die Normal=Eichungskommission (Art. 18) tritt als=
bald nach Verkündung der Maß= und Gewichtsordnung
in Thätigkeit, um die Eichungsbehörden bis zu dem im
Artikel 22 angegebenen Zeitpunkt zur Eichung und Stem=

pelung der ihnen vorgelegten Maße und Gewichte in den
Stand zu setzen.

Urkundlich unter Unserer Höchsteigenhändigen Unter-
schrift und beigedrucktem Bundes-Insiegel.

Gegeben Homburg v. d. Höhe, den 17. August 1868.

(L. S.) **Wilhelm.**

Graf v. Bismarck-Schönhausen.

III.
Bekanntmachung.

Auf Grund des §. 3 Abs. 2 des Reichsgesetzes vom
26. November 1871 — betreffend die Einführung der
Maß- und Gewichtsordnung für den Norddeutschen Bund
vom 17. August 1868 in Bayern — wird nachstehende

erlassen: ## Eichordnung

Erster Abschnitt.

Vorschriften über das Material, die Gestalt, die Bezeichnung und
die sonstige Beschaffenheit der vom 1. Januar 1872 ab im öffentlichen Verkehr geltenden neuen Maße und Gewichte, sowie über die
bei der Eichung derselben innezuhaltenden Fehlergrenzen.

I. Längenmaße.
§. 1.
Zulässige Maße und Bezeichnung.

Zur Eichung zulässig sind Maße von folgenden Längen:

20 Meter,
10 Meter oder 1 Dekameter,
5 Meter,
2 Meter,
1 Meter,
0,5 Meter oder 5 Decimeter oder 50 Centimeter,
0,2 Meter oder 2 Decimeter oder 20 Centimeter,
0,1 Meter oder 1 Decimeter oder 10 Centimeter.

Die Bezeichnung dieser Maße muß mit den vollen
Namen, die in der obigen Zusammenstellung angegeben
sind, geschehen. Welche der metrischen Bezeichnungen in
den Fällen, wo in der obigen Reihe mehrere nebenein-

ander aufgestellt sind, anzuwenden sei, bleibt dem Belieben überlassen. Bei einem Maße von 10 Meter Länge kann auch der volle Name „Kette", bei einem Maße von 1 Meter Länge und seinen oben zugelassenen Vielfachen und Bruch= theilen auch der volle Name „Stab" aufgetragen werden, doch muß in jedem Falle eine der obigen metrischen Be= zeichnungen voranstehen.

§. 2.

Material, Form und Struktur der Längenmaße.

Sämmtliche eichfähige Maße müssen von solchem Ma= terial, in solcher Form und Struktur ausgeführt sein, daß ihre Länge beim Gebrauch keine Schwankungen erleiden kann, welche die im Verkehr zu duldenden Fehlergrenzen übersteigen.

Danach sind zur Eichung zuzulassen einfache Strich= oder Endflächen = Maßstäbe, welche aus genügend hartem Material mit einem vor Verbiegungen hinreichend sichernden Querschnitt massiv gearbeitet sind. Bei Endflächen=Maßen von Holz bis zu 0,5 Meter Länge herab sind die maß= gebenden Endflächen durch metallene Beschläge zu schützen.

Ferner sind zulässig solche aus mehreren Stücken be= stehende Maße, für deren Zusammenfügung in derjenigen gegenseitigen Lage der beweglichen Theile, welche die normale Länge des ganzen Maßes ergibt, eine genügende Stabilität gesichert ist.

Endlich sind zulässig Bandmaße, welche aus Material von hinreichend geringer Dehnbarkeit, z. B. aus Metall= Blech hergestellt sind.

Es ist zulässig, Maße, welche den oben aufgestellten Anforderungen entsprechen, auch dann, wenn dieselben Theile anderer Meßwerkzeuge bilden, zu eichen, sobald in dieser Zusammensetzung die Eichungs=Operationen nach den ander= weitigen Bestimmungen ausführbar sind.

§. 3.

Eichung und zulässige Abweichung der Längen= maße.

Die Eichungs=Operationen, über deren Ausführung

in einer besonderen Instruktion nähere Vorschriften ertheilt werden, haben sich bei den Längenmaßen sowohl auf die Gesammtlänge, als auf die Eintheilung zu erstrecken.

Zur Stempelung ist nur dann zu schreiten, wenn die Vergleichung mit den Eichungsnormalen erwiesen hat, daß die Gesammtlänge des Maßes entweder im Zuviel oder im Zuwenig eine größere Abweichung nicht zeigt, als nachstehend unter A bestimmt ist, und daß gleichzeitig die Eintheilung der Vorschrift unter B entspricht.

A. Die Abweichung in der Gesammtlänge darf höchstens betragen:

1. bei metallenen Präcisions-Maßstäben (mit seiner Eintheilung) deren Genauigkeits-Angabe nur in der Nichtberücksichtigung der Temperatur bei der Anwendung ihre Grenze findet,

bei einer Länge von 1 Meter . . . 0,1 Millimeter

"   "   "   " 0,5 bis 0,1 Meter 0,05   "

2. bei gewöhnlichen Maßstäben aus Metall oder von 0,5 Meter ab aus Elfenbein, hartem Holz 2c.

bei einer Länge von 2 Meter . . . 0,75 Millimeter

"   "   "   " 1 Meter . . . 0,5   "

"   "   "   " 0,5 bis 0,1 Meter 0,25   "

3. bei Werk-Maßstäben aus Holz (die Enden durch Metall-Beschläge geschützt)

bei einer Länge von 5 Meter . . 4,0 Millimeter

"   "   "   " 2 Meter . . 1,5   "

"   "   "   " 1 Meter . . 0,75   "

4. bei Maßstäben für Langwaaren, aus Holz mit Metall-Beschlägen, nur in Centimeter getheilt

bei einer Länge von 1   Meter . . 1,0 Millimeter

"   "   "   " 0,5 Meter . . 0,75   "

5. bei zusammenlegbaren Maßen

bei einer Länge von 1   Meter . . 1,0 Millimeter

"   "   "   " 0,5 Meter . . 0,75   "

6. bei Bandmaßen aus Metall-Blech

bei einer Länge von 20 Meter . . 3,5 Millimeter

"   "   "   " 10 Meter . . 2,25   "

bei einer Länge von   5 Meter . . 1,75 Millimeter

„   „   „   „   2 Meter . . 1,25   „

„   „   „   „   1 Meter . . 0,75   „

     B. Fehlergränzen der Eintheilung der Längenmaße.

     Der Fehler des Abstandes irgend einer Eintheilungs=Marke eines Maßes von dem nächsten der beiden Enden des Maßes darf nirgends die Hälfte der zulässigen Abweichung der Gesammtlänge desselben übersteigen.

     Ausgenommen hiervon sind nur unter Nr. 1 die Präcisions=Stäbe von 0,5 bis 0,1 Meter Länge, sowie die unter Nr. 4 erwähnten Maßstäbe, bei denen die Fehlergrenze für den Abstand einer Eintheilungs=Marke von dem nächsten der beiden Enden gleich der Fehlergrenze der Gesammtlänge angenommen werden darf.

§. 4.
Stempelung.

     Die Stempelung erfolgt dicht an den Enden des Maßstabes. An den mit Metallkappen versehenen Enden hölzerner Maßstäbe ist der Stempel halb auf das Holz und halb auf die Kappe zu setzen.

     Wenn dies nicht möglich ist, wird das Holz unmittelbar an der Kappe gestempelt.

     Bei aus einzelnen Theilen bestehenden Maßen ist außerdem ein Stempel auf die am Gelenk zusammenstoßenden Theile so zu setzen, daß er sowohl den einen als den andern Theil trifft, und bei solchen, wo dies nicht möglich ist, auf jeden der einzelnen Theile.

     Bei Präcisions=Maßstäben wird neben dem Stempel der Eichanstalt noch ein sechsstrahliger Stern aufgeschlagen.

     Stählerne Bandmaße sind auf eingesetzten Messingplättchen zu stempeln.

II. Flüssigkeitsmaße.
§. 5.
Zulässige Flüssigkeitsmaße.

     Flüssigkeitsmaße für den öffentlichen Verkehr werden nur in folgenden Größen zur Eichung und Stempelung zugelassen:

20 Liter oder Kannen
10 „ „ „
5 „ „ „
2 „ „ „
1 Liter oder Kanne
1/2 oder 0,5 Liter oder Kanne = 1 Schoppen
1/4
    0,2 „ „ „
1/8
    0,1 „ „ „
1/16
    0,05 „ „ „
1/32
    0,02 „ „ „

Jedes zuzulassende Maß muß so hergestellt sein, daß eine Abmessung von Flüssigkeiten innerhalb der im Verkehr gestatteten Abweichung vom Sollinhalte durch dasselbe sicher erfolgen kann, daß es den beim Gebrauche unvermeidlich vorkommenden Einwirkungen genügenden Widerstand leistet, und absichtlich angebrachte Verletzungen leicht erkennen läßt, übrigens auch den nachstehenden Vorschriften in Bezug auf Bezeichnung, Form, Material und sonstige Beschaffenheit entspricht.

§. 6.
Bezeichnung.

Die Bezeichnung hat deutlich und von dem Maße untrennbar durch Angabe der Einheiten oder Bruchtheile vom Liter, die es enthält, unter Beisetzung des Wortes Liter oder des Buchstaben L. zu erfolgen. Als Bruchbezeichnungen sind hierbei für die decimalen Abstufungen Decimalbrüche, für die Abstufungen nach Halbirungen gewöhnliche Brüche zu benutzen.

Es ist gestattet, dieser Hauptbezeichnung auch die vollen deutschen Namen beizufügen.

§. 7.
Material.

Für den Verkehr zulässige Maße müssen aus Zinn,

Weißblech, Messing oder Kupfer hergestellt, in den beiden letzteren Fällen aber innerlich mit reinem Zinn vollständig und gut verzinnt sein.

Flüssigkeitsmaße aus Zinn dürfen in ihrer Masse nicht weniger als fünf Sechstheile reines Zinn enthalten. Auf denselben muß der Name und Wohnort des Verfertigers angegeben sein.

§. 8.
Form.

Maße von 2 Liter Inhalt und die nach der Halbirungs=Theilung abgestuften kleineren müssen in Form eines Cylinders hergestellt werden, bei dem das Verhältniß des Durchmessers zur Höhe für das 2 L., 1 L. und ½ L. Maß

$$\text{wie } 1 : 2$$
$$\frac{1}{4} \text{ L. Maß wie } 1 : 1,9$$
$$\frac{1}{8} \text{ } \text{ } \text{ } 1 : 1,8$$
$$\frac{1}{16} \text{ } \text{ } \text{ } 1 : 1,7$$
$$\frac{1}{32} \text{ } \text{ } \text{ } 1 : 1,6$$

zu Grunde gelegt wird. Da es aber schwierig ist, bei der Herstellung solcher Maße dieses Verhältniß genau inne zu halten, so sind in der Größe des Durchmessers Abweichungen bis zu 5 pCt. im Mehr und Weniger nachgelassen.

Es ergeben sich hiernach für die Dimensionen dieser Flüssigkeitsmaße folgende Werthe in Millimetern:

Größe des Maßes	Berechnete Dimensionen des Durchmessers	der Höhe	Der Durchmesser zulässiger Maße darf betragen: höchstens	mindestens
	mm.	mm.	mm.	mm.
2 L.	108,4	216,7	114	103
1 „	86,0	172,1	90	82
½ „	68,3	136,5	73	64
¼ „	55,1	104,8	58	52
⅛ „	44,6	80,1	47	42
1/16 „	36,0	61,4	38	34
1/32 „	29,2	46,7	31	28

Die nach der Decimaltheilung abgestuften Maße von 0,2, 0,1, 0,05 und 0,02 Liter Inhalt müssen, um mit den ihnen nahe stehenden Maßen nach der Halbirungstheilung nicht verwechselt werden zu können, in Form abgestutzter Kegel ausgeführt werden, bei denen der obere Durchmesser der Abmessung entspricht, welche diese Maße nach den vorher für die Halbirungsreihe aufgestellten Bedingungen bei cylindrischer Gestalt erhalten würden, und deren unterer Durchmesser das 1½fache des oberen ist.

Die Dimensionen derselben und die nachgelassenen Abweichungen im oberen Durchmesser gestalten sich daher in folgender Art:

Größe des Maßes	Berechneter oben	Durchm. unten	Berechnete Höhe	Der obere Durchmesser zulässiger Maße darf betragen:	
				höchstens	mindestens
	mm.	mm.	mm.	mm.	mm.
0,2 L.	51,2	76,8	61,4	54	49
0,1 „	41,4	62,1	46,9	43	39
0,05 „	33,5	50,3	35,8	35	32
0,02 „	25,2	37,8	25,3	26	24

Maße von 5, 10 und 20 Liter Inhalt sind cylinder- oder tonnenförmig mit engerem cylindrischen Halse von höchstens 10 Centimeter Weite, durch welchen der Inhalt des Maßes genauer begrenzt wird, anzufertigen.

Für alle Größen sind Maße gestattet, bei denen für die richtige Füllung der Flüssigkeitsspiegel mit dem oberen Rande in einer Ebene und auch solche, bei denen er tiefer liegt.

In beiden Fällen sind Ausgüsse (Schnauzen) zulässig, deren Fassungsraum einen Theil vom Fassungsraume des Maßes bildet.

Im letzteren Falle kann der richtige Maßinhalt begrenzt werden:

entweder durch zwei einander gegenüberliegende Abflußöffnungen,

oder durch eine solche Oeffnung und einen diametral gegenüber liegenden Stift (Zäpfchen), statt dessen auch zwei Stifte, um ein Drittel des Umkreises von der Oeffnung abstehend, augebracht werden können,

oder durch zwei diametral gegenüberliegende, sowie auch durch drei gleichmäßig auf dem Umfang vertheilte Stifte.

§. 9.
Sonstige Beschaffenheit.

Alle Maße, bei denen der Flüssigkeitsspiegel in der
Ebene des oberen Randes liegt, müssen an diesem äußerlich
genügend verstärkt sein; dies erfolgt bei Blechmaßen durch
aufgelöthete Bunde, wobei für Weißblechmaße auch ein Bund
aus Zinkblech gestattet ist, oder durch einen in den umgebogenen Rand eingelegten Draht.

Die Böden dürfen nicht als bloße Scheiben eingelöthet,
sondern müssen mit einem umgebogenen Rande versehen
sein. Letzterer kann entweder die chlindrische Wandfläche
nach oben gekehrt äußerlich umschließen, oder sich nach unten
gekehrt an die chlindrische Wandfläche innerlich anschließen;
in beiden Fällen ist er mit der Wandfläche zu verlöthen.

Die Böden sind in ebener Fläche herzustellen und bei
größeren Maßen durch äußerlich aufgelöthete Stege zu ver-
stärken.

Ausgüsse oder Schnauzen, deren Fassungsraum einen
Theil des richtigen Gefäßinhalts bildet, müssen bis zur
vorderen Spitze in derselben Art wie die übrige Grenzfläche
des Fassungsraumes verstärkt sein.

Stifte oder Zäpfchen dürfen nicht eingelöthet, sondern
müssen eingenietet und äußerlich mit einem Zinntropfen
für die Stempelung versehen sein.

Die Bezeichnung ist entweder auf dem Maße selbst
einzugraviren oder aufzuschlagen, was bei Blechmaßen auch
auf einer aufgelötheten Zinnstelle geschehen kann, oder auf
einem aufgelötheten Schilde anzubringen, welcher letztere
an einer Stelle durch einen zu stempelnden Zinntropfen
mit dem Maße zu verbinden ist.

Bei Maßen, welche aus einzelnen durch Löthung verbundenen Theilen bestehen, sind die Löthstellen mit Zinntropfen zur Aufschlagung des Stempels zu versehen, sofern
die Löthfuge eine unmittelbare Stempelung nicht gestattet.

§. 10.
Unzulässige Maße.

Unzulässig sind alle Maße, welche den vorstehenden

Vorschriften nicht entsprechen, insbesondere Maße aus Zinkblech; solche mit gewölbter Bodenfläche; Maße mit Blechring
statt der Stifte zur Begrenzung des Flüssigkeitsspiegels;
Maße, bei denen der Flüssigkeitsspiegel durch den oberen
Rand begrenzt werden soll, sofern die Grenzlinie nicht parallel
zum Boden liegt oder nicht in eine Ebene fällt.

§. 11.
Eichung und Fehlergrenze der Flüssigkeitsmaße.

Das Eichen hat unter Beobachtung der in der Instruktion angegebenen Vorschriften zu erfolgen, und es kann
nur dann zur Stempelung geschritten werden, wenn eine
größere Abweichung von dem Eichungsnormale oder von
dem Sollinhalte im Mehr oder Weniger nicht stattfindet,
als die folgende:

bei Maßen von 20 L. bis 1   L. höchstens $1/400$

0,5 „ bis 0,2 „ „ $1/200$

$1/8$ „ bis 0,02 „ „ $1/100$

des Sollinhaltes.

§. 12.
Eichung der Fässer.

Nur solche Fässer dürfen überhaupt zur Bestimmung
des Rauminhaltes zugelassen werden, welche hinsichtlich der
Haltbarkeit ihrer Construktion und ihrer sonstigen Beschaffenheit untadelhaft sind.

Der Inhalt ist durch das in der Instruktion angeführte
Verfahren zu bestimmen und bis auf $1/300$ des Fassungsraumes mit Abrundung auf Zehntheile des Liters anzugeben.

§. 13.
Stempelung der Flüssigkeitsmaße und Fässer.

Die Beglaubigung der bis zum Rande gefüllten Flüssigkeitsmaße erfolgt durch zwei diametral gegenüber auf oder
dicht unter dem Rande angebrachte Stempel; die der Maße
mit Ausflußöffnungen durch Stempelung dicht unter dem
untern Rande jeder solchen Oeffnung; die der Stiftenmaße
durch Stempelung des äußerlich für jeden Stift vorhandenen
Zinntropfens.

Bei jedem aus einzelnen durch Löthung verbundenen
Theilen bestehenden Maße sind die auf den Löthfugen anzubringenden Zinntropfen zu stempeln; bie Böden der Blech=
maße an zwei diametral gegenüber liegenden Stellen.

Bei Fässern ist auf dem einen Boden, oder bei kleineren Fässern statt dessen auf dem Umfange, der Inhalt
in Liter (bezüglich Zehntheil Liter) unter Beisetzung des
Buchstabens L., außerdem die Nummer des Eichregisters
und die Jahreszahl der Eichung, sowie der Stempel der
Eichanstalt einzubrennen.

Ist das Aufbrennen der Stempel nicht ausführbar
(Fässer aus Metall), so hat die Stempelung auf einer auf=
gelötheten Metallplatte, deren Verbindung mit dem Fasse
ebenfalls durch Stempelung zu sichern ist, zu erfolgen.

III. Hohlmaße für trockene Gegenstände.

1. Allgemein verwendbare Maße.

§. 14.

Zulässige Maße.

Für den öffentlichen Verkehr bestimmte Maße werden
nur in folgenden Größen zur Eichung und Stempelung
zugelassen:

          2 Hektoliter oder 2 Faß,
          1 Hektoliter oder 1 Faß,
        1/2 oder 0,5 Hektoliter,
        1/4 Hektoliter,
         20 Liter,
         10 „
          5 „
          2 „
          1 „
        1/2 oder 0,5 Liter
        1/4   „
                    0,2 „
        1/8   „
                    0,1 „
       1/16   „
                   0,05 „

Bezüglich der allgemeinen Eigenschaften zuzulassender Maße dieser Art gelten analog dieselben Bestimmungen, wie sie in §. 5 für Flüssigkeitsmaße getroffen sind.

§. 15.
Bezeichnung.

Die Bezeichnung hat deutlich und von dem Maße untrennbar bei den vier größeren Maßen durch 2 H, 1 H, 0,5 H oder ½ H und ¼ H, wobei auch das volle Wort zulässig ist, und der deutsche Name Faß beigesetzt werden kann, für die kleineren Maße durch die im vorhergehenden Paragraphen angeführten Zahlen und Brüche unter Zufügung von L oder Liter zu erfolgen.

Sofern die Bezeichnung bei hölzernen Maßen erst durch die Eichanstalt erfolgen soll, wird sie nur durch die Buchstaben H oder L und die erforderlichen Zahlen ausgeführt.

§. 16.
Material.

Die für den Verkehr zulässigen Maße können in allen gestatteten Größen aus Schwarzblech, verzinktem, verbleitem oder verzinntem Eisenblech, aus Kupferblech von genügender Stärke oder aus Holz angefertigt sein.

§. 17.
Form.

Alle Maße dieser Art bis zu ½ Liter herab und die nach der Halbirungstheilung abgestuften kleineren müssen in Form eines Cylinders ausgeführt sein, bei welchem im Allgemeinen 3 zu 2 als das Verhältniß des Durchmessers zur Höhe zu Grunde gelegt ist.

Da es aber bei der Herstellung solcher Maße schwierig ist, dieses Verhältniß in voller Schärfe inne zu halten, so sind Abweichungen bis zu 3 pCt. für Maße von 2 H bis 1 L und Abweichungen bis zu 5 pCt. für die kleineren Maße in Mehr oder Weniger gegen die richtige Dimension des Durchmessers nachgelassen.

Es ergeben sich hieraus für die verschiedenen Maßgrößen folgende Durchmesser:

Größe des Maßes	Berechneter Durchmesser mm.	Der Durchmesser darf betragen höchstens mm.	minbestens mm.
2 H.	729,7	747	704
1 „	575,9	593	559
0,5 „	457,1	471	443
1/4 „	362,8	374	352
20 L.	336,8	347	327
10 „	267,3	275	259
5 „	212,2	218	206
2 „	156,3	161	152
1 „	124,1	128	120
0,5 „	98,5	103	94
1/4 „	78,1	82	74
1/8 „	62,0	65	59
1/16 „	49,2	52	47

Die nach der Decimaltheilung abgestuften Maße von 0,2 L., 0,1 L. und 0,05 L. sind nur in der für Flüssigkeitsmaße derselben Größe in §. 8 vorgeschriebenen Form aus dem daselbst angegebenen Grunde auch für trockene Körper zulässig.

Größere Maße aus Holz können in Form von Span- oder Daubenmaßen hergestellt, die kleinsten unter 1 Liter auch aus massivem Holze gedreht werden.

§. 18.
Sonstige Beschaffenheit.

Bei allen Maßen muß der Boden mit der chlinderischen Wandfläche dicht und dauerhaft verbunden sein.

Maße aus Blech müssen oberhalb zur Sicherung ihrer Gestalt mit einem ebenen, entsprechend breiten Rande versehen sein.

Hölzerne Maße müssen gut ausgetrocknet sein.

Bei Spanmaßen von 1 H. und 1/2 H. muß zur Sicherung der Verbindung des Bodens mit der Wandfläche, zur Erhaltung der Form im Allgemeinen und zur Leitung des Streichholzes — ein mit Boden und Wandfläche fest verbundener Beschlag aus Bandeisen und ein oberhalb diametral liegender Steg angebracht sein.

Die Spanmaße von 1/4 H., 20 L. und 10 L. sowie kleinere bedürfen des Steges nicht, die drei ersteren sind aber mit entsprechendem Beschläge zu versehen.

Bei den Dauben= oder Stabmaßen sind die Dauben einzeln mit den umgelegten Eisenringen zu verbinden.

Ueber die zweckmäßigste Herstellung dieser Sicherungs= maßregeln und über die Befestigung der Handhaben enthält die Instruktion ausführlichere Anweisungen.

§. 19.
Unzulässige Maße.

Von der Eichung und Stempelung auszuschließen sind alle den vorstehenden Vorschriften nicht entsprechenden Maße. Detail=Bestimmungen hierüber enthält die Instruktion.

§. 20.
Eichung und Fehlergrenze.

Beim Eichen sind die in der Instruktion angegebenen Vorschriften zu befolgen, und es darf ein Maß nur dann gestempelt werden, wenn bei der Vergleichung mit dem Eichungsnormale entweder im Mehr oder Minder eine größere Abweichung von demselben oder dem Sollinhalte nicht stattfindet als:

Für eine Maß= größe von	bei Maßen aus Metall	bei Maßen aus Holz
2 H. bis 1/4 H.	1/500 d. Sollinhaltes	1/250 d. Sollinhaltes
20 L. bis 1 L.	1/400 „ „	1/200 „ „
0,5 „ bis 0,2 „	1/200 „ „	1/100 „ „
1/8 „ bis 0,05 „	1/100 „ „	1/50 „ „

§. 21.
Stempelung.

Alle Maße aus Blech sind so zu stempeln, wie die für die Flüssigkeitsmaße gleicher Herstellungsart in §. 1 vorgeschrieben ist. Sind Handhaben vorhanden, so ist be. jeder ein Niet zu stempeln, um zu vermeiden, daß durch Anbringung solcher Handhaben nach dem Eichen die Form des Maßes verändert werden kann.

2*

Alle hölzernen Hohlmaße für trockene Körper sind an drei gleichmäßig von einander abstehenden Stellen auf dem oberen Rande, ferner auf der inneren Bodenfläche und der äußeren Wandfläche zu stempeln.

Zur Sicherung der Verbindung zwischen Boden und Wand sind bei hölzernen Spanmaßen drei auf dem Umfang gleich vertheilte Stempel so aufzusetzen, daß jeder auf beide zu stehen kommt. Bei Daubenmaßen sind diese Stempel so auf die innere Seite der vorstehenden Daubenenden zu setzen, daß sie dicht an der unteren Bodenfläche stehen.

2. Maße für Kohlen aller Art, Cokes, Torf, sowie für Kalk und andere Mineralprodukte.

§. 22.
Arten der zulässigen Maße.

Außer den vorstehend unter 1 angeführten Maßen für trockene Körper werden für das Messen von Kohlen aller Art, Cokes, Torf, sowie für Kalk und andere Mineralprodukte die nachfolgend bezeichneten Maße zur Eichung und Stempelung zugelassen:

A. Maße in Kastenform von 1/2 H., 1 H. und 2 H. Inhalt;

B. Rahmen= und Aufsetzmaße ohne Boden von 2 H. und mehr Inhalt, wenn letzterer ein Vielfaches des ganzen Hektoliter ist;

C. Fördergefäße auf Bergwerken, sowie Lösch= und Ladegefäße bei dem Schiffsverkehre, welche zugleich als Maßgefäße im Großhandel benutzt werden, wenn der Inhalt der zuerst genannten ein Vielfaches des halben, der Inhalt des zuletzt genannten ein Vielfaches des ganzen Hektoliter beträgt.

D. Kummtmaße, namentlich für Torf bestimmt, d. h. lange entweder feststehende oder auf Transportwagen befindliche, oben offene Kasten von je 20 H. oder 2 Kubikmeter Inhalt, deren Fassungsraum durch Aufsatzbretter um je 10 H. oder 1 Kubikmeter vergrößert werden kann.

§. 23.

Bezeichnung der Maße und Maßgefäße.

Die Bezeichnung der im §. 22 aufgeführten Maße hat deutlich und von denselben untrennbar durch Angabe des Inhaltes nach Hektoliter unter Anwendung des Buchstabens H zu erfolgen. (Vergl. jedoch §. 26 letztes Alinea.)

§. 24.

Beschaffenheit der Kastenmaße.

Die Kastenmaße (§. 22 A) müssen im Lichten gemessen folgende Dimensionen in Millimeter haben:

	Länge	Breite	Tiefe
für den Inhalt von 1/2 H.	500	400	250
" " " " 1 H.	625	500	320
" " " " 2 H.	625	625	512

Abweichungen von diesen Dimensionen können nur bis zu dem Betrage von höchstens 2 Prozent unter der Voraussetzung nachgesehen werden, daß der Inhalt des ganzen Maßes der Anforderung im §. 30 entspricht.

Die Maße können aus Holz oder aus Eisen hergestellt sein, ihre Seitenwände müssen nahezu rechtwinkelig gegen den Boden stehen, die Unterschiede der oberen und unteren korrespondirenden Abmessungen dürfen nicht mehr als 10 Procent der Maßtiefe betragen.

Die hölzernen Kastenmaße müssen einen Beschlag von Bandeisen erhalten, welcher den oberen Rand und die Verbindung der Seitenwände sowohl unter einander als auch mit dem Boden sichert. Verbindungsstangen zwischen den Seitenwänden oder, wie bei der Karrenform, zwischen den Tragschenkeln dürfen nicht durch den inneren Raum des Maßes gehen.

Bei eisernen Kastenmaßen müssen die Seitenwände von genügender Stärke sein, um eine Verbiegung zu verhindern; die Bodenplatte ist zur Sicherung der ebenen Form mit Rippen zu versehen.

§. 25.
Beschaffenheit der Rahmenmaße.

Die Rahmenmaße (§. 22 B) müssen den im §. 24 für Kastenmaße angegebenen allgemeinen Konstruktions-Bedingungen genügen; ihr horizontaler Querschnitt muß ein Rechteck sein.

§. 26.
Beschaffenheit der als Maße dienenden Fördergefäße, Lösch- und Ladegefäße.

Fördergefäße (§. 22 C) müssen genügend dauerhaft und in einer Körperform ausgeführt werden, deren Inhalt sich durch alleinige Anwendung des Längenmaßstabes und durch einfache Rechnung mit genügender Sicherheit bestimmen läßt.

Bei dem Bergkübel für Haspelförderung ist jedoch auch ein länglich runder Querschnitt zulässig.

Bei den Lösch- und Ladegefäßen ist die Cylinder- oder Tonnenform gestattet. Das Verhältniß des Mittelwerthes der Durchmesser zur Höhe muß etwa wie 3 : 4 sein.

Bereits vorhandene Fördergefäße dürfen, auch wenn sie der in §. 22 unter C gegebenen Vorschrift nicht entsprechen, bis zum 1. Januar 1877 noch benutzt werden, doch muß auf jedem solcher Fördergefäße der wirkliche Inhalt nach Liter angegeben werden.

§. 27.
Beschaffenheit der Kummtmaße.

Jeder Kasten eines Kummtmaßes hat fest mit dem Boden verbundene und durch Aufsatzstücke zu erhöhende Seitenwände und je eine vertikale in Ruthen zwischen den Seitenwänden nach Art der Schützen bewegliche Vorder- und Hinterwand; werden zwei solche Kasten mit einander verbunden, so ist die mittlere Schützenwand beiden gemeinschaftlich; im letzteren Falle enthält das Kummtmaß ohne Aufsatzbretter 4, und mit denselben 6 Kubikmeter Fassungsraum.

Der Abstand der lothrechten Vorder- und Hinterwand eines Kastens beträgt im Lichten 2 Meter.

Der Abstand der gleichmäßig geneigten Seitenwände
beträgt im Lichten am Boden 65 Centimeter und an der
oberen offenen Fläche 137 Centimeter und zwar bei einer
lothrechten Höhe von 1 Meter vom Boden ab gerechnet,
wobei die Breite jeder Seitenwand von der oberen bis zu
der an den Boden stoßenden Kante 106,3 Centimeter be=
tragen muß.

Dabei ist angenommen, daß die 6 Leisten (4 an den
Wänden, 2 am Boden), welche die Nuthen für die beweg=
lichen Wände bilden, eine Breite von 10 Centimeter und
eine Stärke von 3 Centimeter haben und somit bei einer
nach außen gerundeten oder gebrochenen Kante zusammen
einen Raum von ungefähr 0,016 Kubikmeter einnehmen.

Zur Aufnahme größerer Mengen Torf können auf die
lothrechten Wände (End= und Mittelschützen) und auf die
Seitenwände Aufsatzbretter gesetzt werden, welche durch
sichere Führungen so festgehalten werden müssen, daß jedes
Aufsatzbrett in der genauen Fortsetzung der Ebene des
darunterstehenden liegt. Durch die Aufsatzbretter soll der
räumliche Inhalt jedes Kastens um 1 Kubikmeter ver=
größert werden (oder wenn der Raum für die 4 Leisten
zu den Nuthen berücksichtigt wird, um 1,0042 Kubikmeter).
Da die Seitenwände ohne Aufsatz oben einen Abstand von
137 Centimeter haben, so muß die oberste Entfernung der
Aufsatzbretter von einander 161,3 Centimeter, die Breite
jedes Aufsatzbrettes 35,8 Centimeter und der lothrechte
Abstand der obersten Kanten vom Boden 133,7 Centimeter
betragen.

Es ist nothwendig, daß durch sogenannte Ueberwurfs=
ketten, welche oben in der Nähe der Schützen angebracht
sind, die Kasten im Anschluß an die richtig ausgeführten
Schützen zusammengehalten werden, und überdies zu
empfehlen, daß die oberen Kanten der Seitenwände und
Aufsatzbretter durch eine Eisenschiene vor zu schneller Ab=
nutzung geschützt werden.

Der kgl. Normal=Eichungskommission bleibt überlassen,
Abweichungen von obigen Abmessungen zu gestatten und
die näheren Vorschriften dafür zu erlassen, wofern nur

der Kubikinhalt den obigen Bedingungen entspricht, und die Ermittelung desselben mit alleiniger Anwendung des Längenmaßstabes und durch einfache-Rechnung hinreichend sicher ausgeführt werden kann.

§. 28.
Unzulässige Maße und Maßgefäße.

Alle Maße und Maßgefäße der in §. 22 erwähnten Art, welche den vorstehenden bezüglich ihrer Beschaffenheit getroffenen Bestimmungen oder den für besondere Fälle von der kgl. Normal-Eichungs-Kommission noch zu erlassenden Bestimmungen nicht entsprechen, oder welche wegen zu schwacher Konstruktion die erforderliche Unveränderlichkeit ihres Inhaltes nicht mit Sicherheit erwarten lassen, sind als nicht eichfähig zurückzuweisen. Bei den Kummt=maßen ist insbesondere darauf zu achten, daß die gehörige Verbindung aller und die regelmäßige Einfügung der beweglichen Theile im vollständigen Gebrauchszustande gesichert ist.

§. 29.
Inhaltsbestimmung.

Die Inhaltsbestimmung erfolgt:

1) bei den Kastenmaßen und Rahmenmaßen durch Berechnung nach den abgemessenen Dimensionen, wobei für die Länge und Breite die Mittelwerthe aus den korrespondirenden oberen und unteren Abmessungen (vergl. §. 24) benutzt werden;

2) bei den Fördergefäßen, Lösch= und Ladegefäßen, soweit dies einfach und sicher ausführbar ist, ebenfalls durch Berechnung nach den abgemessenen Dimensionen, andernfalls, ferner bei dem Bergkübel mit länglich rundem Querschnitte und den Gefäßen in Tonnenform durch Wasserfüllung oder durch trockene Füllung mit Erbsen unter Anwendung der zur Eichung gewöhnlicher Hohlmaße bestimmten Gebrauchs=Normale und der zugehörigen Vorschriften;

3) bei den Kummtmaßen durch Nachmessung der vorgeschriebenen Dimensionen.

§. 30.
Stempelfähigkeit.

Die Stempelung kann, sofern sich nach Maßgabe der vorstehenden Bestimmungen sonstige Bedenken nicht ergeben, stattfinden:

1) bei den in §. 22 unter A, B, C bezeichneten Maßen und Maßgefäßen, wenn der nach §. 29 ermittelte Inhalt von dem Soll-Inhalte um nicht mehr als 1 Procent abweicht;

2) bei den Kummtmaßen, wenn keine der den Inhalt bestimmenden Dimensionen um mehr als 1 Prozent von der vorgeschriebenen Größe abweicht und die Leisten innerhalb eines Centimeters die in den Vorschriften vorausgesetzten Dimensionen einhalten.

§. 31.
Stempelung.

Die Stempelung erfolgt bei den in §. 22 unter A, B und C aufgeführten Maßen, entsprechend den in der Eichordnung für Hohlmaße gegebenen Vorschriften, bei den Kummtmaßen durch Einbrennen eines Stempels an jeder Kante des Kastens und der Aufsatzbretter.

IV. Meßrahmen für Brennholz.
§. 32.
Zulassung der Meßrahmen.

Die Zumessung von Brennholz im öffentlichen Verkehr kann zwar durch Anwendung eines gewöhnlichen Längenmaßstabes ausgeführt werden, indem man die drei Dimensionen des rechtwinklig aufgeschichteten Materials mißt und hieraus den Kubikinhalt berechnet; der größeren Bequemlichkeit halber sollen jedoch die nachstehend beschriebenen Meßrahmen für den gedachten Zweck zur Eichung und Stempelung zugelassen werden.

§. 33.
Allgemeine Beschaffenheit.

Die Meßrahmen bestehen aus rechtwinkelig mit ein-

ander zu verbindenden hölzernen oder eisernen Stäben oder
aus rechtwinkelig mit einander verbundenen Brettern. Die
Länge einer jeden Seite zwischen Endflächen oder Endmarken
gemessen, muß eine ganze Zahl Meter betragen. Im
Uebrigen können sie in beliebigen Größen ausgeführt, mithin
zur Darstellung von Flächen einer beliebigen ganzen Zahl
Quadratmeter benutzt werden. Sie können beweglich oder
feststehend eingerichtet sein.

Für den Kleinverkehr sind auch Meßrahmen mit fester
Bretterwandung gestattet, welche bei Abständen von 1/2
und 1/2, bezüglich 1/2 und 1 Meter, Flächen von 1/4 und
1/2 Quadratmeter darstellen.

§. 34.
Bewegliche Meßrahmen.

Für die beweglichen Meßrahmen empfiehlt sich folgende Form:

Vier Rahmenstücke von je 2 Meter Länge sind durch
Verzapfung so mit einander verbunden, daß sie einen loth-
recht aufstellbaren Rahmen bilden, welcher im Innern ein
Quadrat von 4 Quadratmeter Fläche enthält. Der in
dieser Aufstellung waagerecht liegende obere Verbindungs-
stab ist so eingerichtet, daß er sowohl in 2 Meter als auch
in 1 Meter Abstand vom unteren festgestellt werden kann,
in welchem letzteren Falle der Rahmen ein Rechteck von
2 Quadratmeter Inhalt bildet. Ein fünfter Stab ist in
lothrechter Stellung zwischen den beiden lothrechten End-
stäben in der Art einsetzbar, daß er von dem einen derselben 1 Meter absteht. Durch die Einsetzung dieses Mittel-
stabes wird ein Rechteck von 2 Quadratmeter Fläche dar-
gestellt, wenn die Horizontalstäbe sich in 2 Meter Entfernung befinden, ein Quadrat von 1 Quadratmeter Fläche,
wenn die Horizontalstäbe einen Abstand von 1 Meter haben.

Ein solcher leicht transportabler Holzrahmen ist mithin
zum Aufsetzen des Brennholzes in Flächendurchschnitten von
1, 2 und 4 Quadratmeter zu benutzen. Zur Messung der
dritten Dimension des Holzes (der Scheitlänge) dient ent-

weder ein gewöhnlicher Maßstab, oder einer der 5 Stäbe des Rahmens, welcher zu diesem Zwecke als Centimeterstab eingetheilt ist.

Die Rahmenstücke müssen Marken zur Bezeichnung ihrer End=, bezüglich Theilpunkte besitzen.

§. 35.

Feststehende Meßrahmen.

Die feststehenden Meßrahmen unterscheiden sich von den beweglichen nur dadurch, daß die den Umfang bildenden, der allgemeinen Beschreibung in §. 33 entsprechenden Stäbe oder Bretter fest mit einander verbunden sind. Die Messung der dritten Dimension (der Scheitlänge) muß auch hier durch einen gewöhnlichen Maßstab erfolgen

Die festen Rahmen bedürfen der Marken an den Endpunkten nicht, wenn nicht die lothrechten Wände, was für die Einsetzung der Scheite zweckmäßig ist, selbst länger als eine ganze Zahl Meter sind. In diesem Falle sind auch Marken an den Endpunkten erforderlich.

§. 36.

Stempelfähigkeit.

Ein nach den Vorschriften in §. 33—35 zulässiger Meßrahmen darf gestempelt werden, wenn die Abweichung jedes einzelnen Rahmenstückes von der Sollgröße weniger als 1 Centimeter auf jedes Meter beträgt.

§. 37.

Stempelung.

Die Stempelung erfolgt bei beweglichen und bei feststehenden Meßrahmen auf jedem einzelnen Rahmenstücke.

Eiserne Stäbe erhalten den Stempel auf Blei, wozu an passender Stelle eine kreisrunde, sich nach Innen etwas erweiternde Höhlung von 11 Millimeter Durchmesser und etwa 4 Millimeter Tiefe anzubringen ist.

V. Gewichte.

§. 38.

Zulässige Gewichte.

Gewichte für den öffentlichen Verkehr werden nur in folgenden Größen zur Eichung und Stempelung zugelassen:

    50 Kilogramm oder 1 Centner.

       50 Pfund oder 1/2 Centner.

    20 Kilogramm.

    10   „

     5   „

     2   „

     1   „

  500 Gramm oder 1 Pfund.

      1/2 Pfund.

  200 Gramm.

  100   „

   50   „

   20   „

   10 Gramm oder 1 Dekagramm oder 1 Neuloth.

     5   „

     2   „

     1   „

     5 Decigramm.

     2   „

     1   „

     5 Centigramm.

     2   „

     1   „

     5 Milligramm.

     2   „

     1   „

Jedes zuzulassende Gewichtsstück muß mit einer regelmäßig verlaufenden Oberfläche, an welcher eine absichtlich angebrachte Verletzung leicht erkennbar ist, versehen sein, den nachfolgenden Vorschriften in Bezug auf Bezeichnung, Form, Material und sonstige Beschaffenheit entsprechen, und übrigens so hergestellt sein, daß der Stempel der

Eichanstalt leicht angebracht und nebst der Bezeichnung in der normalen Stellung des Gewichtsstückes leicht erkannt werden kann.

§. 39.

Bezeichnung.

Jedes Gewichtsstück muß deutlich und untrennbar die Bezeichnung seiner Schwere enthalten.

Bei den die regelmäßigen Abstufungen des Decimal= gewichtssystems darstellenden Stücken sind hierzu als Ein= heiten zulässig:

Das Kilogramm von 50 K. bis 0,001 K.,

das Gramm von 500 G. bis 0,01 G,

das Decigramm ⎫
das Centigramm ⎬ für die 1=, 2= und 5=fachen der so
das Milligramm ⎭ benannten Gewichtsstücke.

Das Dekagramm für Gewichtsstücke von 200 G. bis 5 G.

Die Namen der fünf ersten Einheiten können abgekürzt durch die Anfangsbuchstaben K., G., D., C., M. bezeichnet werden; bei dem Dekagramm ist dies, da der Buch= stabe D. bereits für Decigramm oben bestimmt ist, unzu= lässig. Zur Bezeichnung der Bruchtheile sind nur Deci= malbrüche anzuwenden. Die aus der decimalen Abstufung der Kilogramm=Reihe heraustretenden Stücke von 50 Pfund und ½ Pfund sind nur mit der Bezeichnung 50 Pf. oder ℔ und ½ Pf. oder ℔ zu versehen.

Bei allen Stücken der Kilogramm=Reihe von 50 K. bis 0,5 K. wird auch die alleinige Bezeichnung nach ihrem Werthe in Pfunden zugelassen.

Außerdem ist es gestattet, die Bezeichnungen nach Centnern und Neu=Lothen, wobei die Abkürzungen Ctr. und NL. anwendbar sind, den im Obigen zugelassenen Bezeichnungen hinzuzufügen.

Die folgende Tabelle enthält eine Zusammenstellung der zulässigen Bezeichnungen nach Maßgabe der vorstehen= den Bestimmungen:

Bezeichnung der Gewichtsstücke.

Schwere des Gewichtsstückes.	Hauptbezeichnungen, von denen je eine auf dem betreffenden Gewichtsstücke nothwendig und hinreichend ist.			Nebenbezeichnung, die außerdem noch vorhanden sein kann.
50 Kilogramm	50 K.		100 ℔ ob. Pf.	1 Ctr.
50 Pfund			50 ℔ „	0,5 Ctr.
20 Kilogramm	20 K.		40 ℔ „	
10 „	10 K.		20 ℔ „	0,2 Ctr.
5 „	5 K.		10 ℔ „	0,1 Ctr.
2 „	2 K.		4 ℔ „	
1 „	1 K.		2 ℔ „	
500 Gramm	0,5 K.	500 G.	1 ℔ „	
1/2 Pfund			1/2 ℔ „	
200 Gramm	0,2 K.	200 G.		20 NL.
100 „	0,1 K.	100 G.		10 NL.
50 „	0,05 K.	50 G.		5 NL.
20 „	0,02 K.	20 G.		2 NL.
10 „	0,01 K.	10 G.		1 NL.
5 „	0,005 K.	5 G.		0,5 NL.
2 „	0,002 K.	2 G.		
1 „	0,001 K.	1 G.		
5 Decigramm		0,5 G.	5 D.	
2 „		0,2 G.	2 D.	
1 „		0,1 G.	1 D.	
5 Centigramm		0,05 G.	5 C.	
2 „		0,02 G.	2 C.	
1 „		0,01 G.	1 C.	
5 Milligramm			5 M.	
2 „			2 M.	
1 „			1 M.	

Die vollständige Angabe der verschiedenen Einheitsnamen ist nicht ausgeschlossen.

Obgleich die decimale Abstufung des Gewichts die Herstellung eines besonderen Proportionalgewichts für Decimal- und Centesimalwaagen als minder erforderlich erscheinen läßt, so sollen doch Gewichtsstücke, welche hinter der ihre eigene Schwere bestimmenden Hauptbezeichnung in Klammern das 10- oder 100fache derselben angegeben enthalten, und die sich dadurch als für Decimal- oder Centesimalwaagen bestimmt kennzeichnen, deßhalb nicht von der Eichung und Stempelung ausgeschlossen werden.

§. 40.
Material.

Platin, Silber, Messing, Bronze, Argentan und Metallmischungen, die in Bezug auf Härte und Oxydirbarkeit den angeführten Metallen ähnlich sind, können für Gewichtsstücke aller Größen, Gußeisen bis einschließlich zum 50-Grammstücke herab, Aluminium für Centigramm- und Milligrammstücke Verwendung finden.

§. 41.
Form.

Für den Verkehr bestimmte Gewichtsstücke von 50 K. können entweder in Cylinderform mit Knopf oder Handhabe oder, sofern sie aus Gußeisen bestehen, auch in Bombenform mit Handhabe ausgeführt werden. Für das 50 ℔ Stück ist nur die letztere, für das 20 K. Stück nur die erstere Form zulässig.

Gewichtsstücke vom 10 K. Stück bis zum ½ ℔ Stück incl. herab erhalten eine Cylinderform, deren Höhe den Durchmesser übersteigen muß, mit Knopf.

Eine Ausnahme hiervon bildet das 2 K. Stück, bei welchem die Cylinderform eine gedrücktere sein muß, d. h. die Höhe den Durchmesser nicht erreichen darf.

Die Gewichtsstücke von 200 G. bis 1 G. erhalten die Form von Scheiben, welche nur bei den gußeisernen Ge-

wichten von 200 G., 100 G. und 50 G. ohne Knopf herzustellen sind.

Bei der Scheibenform darf die Höhe des Chlinders
die Hälfte des Durchmessers nicht übersteigen.

Decigrammstücke erhalten die Form rechtwinkeliger
Blechplättchen mit aufgebogenem Rande, Centigrammstücke
eine gleiche Form mit aufgebogener Ecke.

Außerdem sind Einsatzgewichte zulässig, bei denen
die einzelnen Gewichtsstücke mit Ausnahme des kleinsten,
massiv ausgeführten, die Form ineinander zu setzender
Schalen haben, deren äußerste mit einem Charnierdeckel
versehen ist und das Gehäuse bildet. Die doppelt vorhandenen Gewichtsstücke von gleicher Schwere müssen eine
solche Form haben, daß sie mit dem nächst größeren und
nächst kleineren Gewichtsstücke nicht verwechselt werden
können. Das Kilogrammgewicht dieser Art besteht aus
12 Stücken von 500, 200, 100, 100, 50, 20, 10, 10,
5, 2, 2 und 1 Gramm, das 500 Grammgewicht aus 11
Stücken von ½ Pfund, 100, 50, 50, 20, 10, 10, 5, 2,
2 und 1 Gramm, und das Zweihundert Grammgewicht
aus 9 Stücken von 100, 50, 20, 10, 10, 5, 2, 2 und
1 Gramm. Jedes dieser Stücke ist vorschriftsmäßig zu
bezeichnen.

§. 42.
Sonstige Beschaffenheit.

Die bei größeren gußeisernen Gewichten etwa vorhandenen Handhaben müssen aus Schmiedeisen und direkt,
d. h. ohne fremdes Zwischenmittel, als Blei und dergleichen,
eingegossen sein.

Gußeiserne Gewichte in Bomben- oder Chlinderform
müssen oberhalb mit einem runden Justirloch versehen sein,
das nach einer Höhlung führt. Dieses Justirloch muß
über der Höhlung etwas enger sein, als an der Oberfläche
des Gewichtes und sich zwischen beiden Stellen etwas er-

weitern, damit der Eichpfropf sich unten aufsetzen und beim Aufstauchen in der Erweiterung ausbreiten kann, dadurch aber festgehalten wird.

Ueber die Größe der tiefer liegenden Höhlung läßt sich zwar eine bestimmte Vorschrift nicht geben, es ist aber mit Rücksicht auf die nachträgliche Ausfüllung derselben mit Justirmaterial das rohe Gewichtsstück — bei wesentlich gleicher Größe mit einem massiven vollwichtigen Stücke — im Gusse leichter zu halten:

beim 50 K.   Stück um höchstens 300 G. mindestens 100 G.
  „   50 Pfd. „   „   „   250 „   „   90 „
  „   20 K.   „   „   „   200 „   „   80 „
  „   10 „   „   „   „   175 „   „   70 „
  „   5 „   „   „   „   150 „   „   60 „
  „   2 „   „   „   „   100 „   „   40 „
  „   1 „   „   „   „   80 „   „   30 „
  „ 0,5 „   „   „   „   60 „   „   25 „
  „ 1/2 Pfd. „   „   „   45 „   „   20 „

Bei gußeisernen Gewichten in Scheibenform ist auf der oberen Fläche ein rundes genügend tiefes Loch zum Einsetzen des Eichpfropfs so anzubringen, daß derselbe darin sicheren Halt finden kann.

Der dem Gewichtsstücke für beide Arten gußeiserner Gewichte beigegebene Pfropf soll aus Blei mit ungefähr 10 Prozent Zinnzusatz, aus Kupfer oder aus Messing (vergl. § 44) bestehen, eine dem Justirloche entsprechende Gestalt haben und so vorbereitet sein, daß nach dem Eintreiben desselben die Stempelfläche möglichst in die Fläche des Gewichtes fällt.

Die Bezeichnung ist bei gußeisernen Gewichten aufzugießen.

Gewichte aus anderen Metallen sind in der Regel massiv aus einem Stücke herzustellen. Zur leichteren Bewerkstelligung der Justirung empfiehlt es sich, die größeren messingnen Gewichte von Chlinderform ebenso wie die chlindrischen gußeisernen Gewichte oberhalb mit einem runden

Justirloch und einer Höhlung, sowie die messingnen Gewichte von Scheibenform bis zum 20 G. Stück herab mit einem runden Loch zum Einsetzen des Eichpfropfes zu versehen. Die Bezeichnung ist auf diesen Gewichten entweder aufzugießen oder einzuschlagen oder einzugraviren.

§. 43.

Unzulässige Gewichte.

Von der Eichung und Stempelung zurückzuweisen sind Gewichtsstücke, welche in ihrer Ausführung den oben gegebenen Vorschriften nicht entsprechen, daher insbesondere

solche aus weichen und unbeständigen Metallen, z. B. Blei, Zinn, Zink ꝛc. und ähnlich beschaffenen Metallmischungen;

ebenso nicht gehörig abgeputzte und von Formsand nicht gereinigte;

an der Oberfläche größere Poren oder Blasenräume zeigende, auch wenn diese durch Kitt, Zink, Blei ꝛc. ausgefüllt sind;

unterhalb mit einem vorspringenden Rande gegossene, oder zur Herstellung eines solchen ausgedrehte;

mit beweglichen Handhaben, angeschraubten Knöpfen versehene;

Einsatzgewichte, bei denen nicht jedes einzelne Stück die erforderliche Bezeichnung trägt.

§. 44.

Eichung und Fehlergrenze.

Die Eichanstalten haben jedes Gewichtsstück unter Beobachtung des in der Instruktion angegebenen Verfahrens zu prüfen und erst dann durch den Stempel zu beglaubigen, wenn dasselbe höchstens um die nachfolgend angegebene Größe entweder im Zuviel oder im Zuwenig von dem Eichungsnormal abweicht:

Größe des Gewichtsstückes:	Gestattete Abweichung a) bei Präcisions= gewichten:	b) bei gewöhnlichen Handelsgewichten:
50 K	25 D	5 G
50 Pf.	20 „	4 „
20 K	20 „	4 „
10 „	125 C	25 D
5 „	625 M	125 C
2 „	300 „	60 „
1 „	200 „	40 „
500 G	125 „	25 „
$\frac{1}{2}$ Pf.	62,5 „	12,5 „
200 G	50 „	10 „
100 „	30 „	6 „
50 „	25 „	5 „
20 „	15 „	3 „
10 „	10 „	2 „
5 „	6 „	
2 „	3 „	
1 „	2 „	
5 D	1 M	
2 „	1 „	
1 „	1 „	

Bei Präcisionsgewichten von 5 C. bis 1 M., die einzeln möglichst genau herzustellen sind, ist für je 4 Stück zu= sammen, welche die nächst höher stehende Einheit bilden, eine Abweichung bis zu $\frac{1}{100}$ der Sollschwere dieser Ein= heit gestattet.

Bei gewöhnlichem Handelsgewicht darf für das ein 5 G., zwei 2 G. und ein 1 G. Stück zusammen, die einzeln möglichst genau herzustellen sind, eine größere Abweichung als 5 C. nicht stattfinden.

Der Eichpfropf besteht bei den Präcisionsge= wichten aus Messing, bei den gewöhnlichen Handels= gewichten aus Kupfer oder aus Blei, mit etwa 10 Pro= cent Zinnzusatz.

3*

§. 45.

Stempelung.

Mit Eichpfropf versehene Gewichtsstücke erhalten den Stempel der Eichanstalt auf der Oberfläche dieses Pfropfs, massive Gewichte aus Messing, Bronze u. dergl. in Cylinder- oder Scheibenform auf der in der normalen Stellung des Gewichtes nach oben gekehrten Fläche und gleichzeitig auf der Bodenfläche, dergleichen Stücke in Form von Blechplättchen nur auf der oberen Fläche. Die einzelnen Theile der Einsatzgewichte werden auf der inneren und äußeren Bodenfläche gestempelt.

Soweit dies die Größe der zu stempelnden Fläche erlaubt, wird hierzu der volle Stempel der Eichanstalt, bei den kleinsten Gewichtsstücken der Stempel verwendet, welcher das allen Eichanstalten gemeinschaftliche Zeichen enthält.

Präcisionsgewichte erhalten außerdem an ihrer oberen Fläche einen Stempel in Form eines sechsstrahligen Sternes.

§. 46.

Medicinalgewichte.

Medicinalgewichte gelten in jeder Beziehung als Präcisionsgewichte.

Alle die Präcisionsgewichte betreffenden Bestimmungen der Eichordnung und der sonstigen Erlasse finden auch auf die Medicinalgewichte Anwendung.

Zweiter Abschnitt.

Vorschriften über Waagen und sonstige Meßwerkzeuge.

I. Waagen.

§. 47.

Zulässige Wagen überhaupt.

Zur Eichung zuzulassen sind nur solche Gattungen von Waagen, deren Theorie und deren erfahrungsmäßige Leistungen eine Bürgschaft gewähren, daß sie Empfindlichkeit, Tragfähigkeit und Zuverlässigkeit von hinreichendem Grade und hinreichender Dauer für die Zwecke des Verkehrs besitzen.

Es werden daher zur Eichung zunächst nur Hebel= waagen zugelassen und zwar nur solche Gattungen der= selben, deren Constructionssystem die Erfüllung folgender allgemeiner Bedingungen der Stempelfähigkeit erwarten läßt:

Jede zuzulassende Waage muß sowohl belastet als un= belastet, sobald sie, von einer Gleichgewichtslage ausgehend, absichtlich in Schwingungen versetzt worden ist, in die an= fängliche Gleichgewichtslage wieder zurückkehren;

ihre Theile dürfen bei der größten Belastung, für welche sie bestimmt ist, keine Formänderungen zeigen;

die sich berührenden Theile, welche bei den Schwing= ungen der Waage die Drehungsachsen bilden (Schneiden, Lager), müssen von genügender Härte sein, um gegen zu schnelle Abnutzung Sicherheit zu gewähren; — eine solche Länge haben, daß in der Lage der Drehungspunkte eine bemerkliche Veränderung durch Verschiebung nicht bewirkt werden kann; — Reibungsflächen von möglichst geringer Ausdehnung darbieten, und ihre Bewegung ohne Klemmung und seitliche Friktion so vollführen, daß der Mechanismus der Waagen zu freiem Spiele gelangen kann;

auch müssen die an jedem Hebel befindlichen Schneiden rechtwinkelig zu demselben, parallel gegen einander und un= wandelbar befestigt sein, und in einer solchen Lage sich be= finden, daß der Schwerpunkt bei der stärksten Belastung der Waage unter der Mittelschneide liegt und die Waage daher stets ein stabiles Gleichgewicht zeigt.

An jeder Waage muß die größte Last, für welche sie bestimmt ist, bei größeren Lastwaagen von mehr als 50 K, einseitiger Tragfähigkeit auch die geringste zulässige Last, angegeben sein.

§. 48.
Zulässige Constructionssysteme.

Auf Grund der allgemeinen Bestimmungen des §. 47 werden zunächst nur folgende Constructionssysteme von Hebel= waagen für eichungsfähig erklärt:

a. gleicharmige Balkenwaagen,
b. ungleicharmige Balkenwaagen,
c. Brückenwaagen,
d. oberschalige Waagen oder Tafelwaagen.

Die speziellen Bedingungen der Stempelfähigkeit dieser einzelnen Gattungen von Waagen sind in den folgenden Paragraphen enthalten.

§. 49.
Gleicharmige Balkenwaagen.

Der Waagebalken einer solchen Waage darf in den beiden Armen eine ersichtliche Verschiedenheit der Gestalt nicht wahrnehmen lassen;

er muß mit einer geradlinig ausgeführten, nach oben oder unten gerichteten Zunge fest verbunden sein; die Mittellinie der Zunge soll von einer zu der Verbindungslinie der beiden Endschneiden winkelrechten Richtung nicht merklich abweichen und verlängert durch die Schärfe der Mittelschneide gehen;

der Waagebalken muß für sich im Gleichgewicht sein und in dieselbe Lage zurückkehren, wenn er in Schwingungen versetzt worden ist;

endlich gleicharmig sein, wobei höchstens eine Abweichung zulässig ist, deren Größe durch den in §. 54 für die Empfindlichkeit bestimmten Bruchtheil angegeben wird.

Die größte einseitige Tragfähigkeit der Waage und bei Lastwaagen auch die geringste zulässige Belastung nach Kilogrammen oder Pfunden ist entweder auf dem Balken unmittelbar, oder auf einem in demselben eingetriebenen Kupfer= oder Messingpfropf anzugeben.

Der Eichanstalt ist es besonders anzuzeigen, wenn die Waage als Präcisionswaage dienen soll, da für diese eine größere Genauigkeit verlangt wird.

Die zu einem Waagebalken gehörenden Waageschalen, die übrigens nicht stempelfähig sind, müssen nebst den zu ihrer Aufhängung dienenden Ketten, Schnüren oder Stangen ohne jedes Ausgleichungsmittel (Draht, Bleistück ꝛc.) gleiches Gewicht haben.

§. 50.
Ungleicharmige Balkenwaagen.

A. Mit unveränderlichem Verhältniß der Hebelarme.

Diese Waagen müssen bezüglich der Genauigkeit und Solidität des Balkens, der Lage der Zunge, der Lage und Beschaffenheit der Schneiden dieselben besonderen Bedingungen erfüllen, wie die gleicharmigen Balkenwaagen. Das Verhältniß der Hebelarme darf nur 1 zu 10 sein.

B. Mit veränderlichem Verhältniß der Hebelarme.
(Schnellwaagen, römische Waagen.)

Bei diesen Waagen ruht die Achse des Balkens in einer Scheere, in der die Zunge frei spielt; der kurze Arm ist mit einer Stahlschneide versehen, an deren Gehänge sich entweder ein Haken oder eine Waagschale zur Aufnahme der Last befindet; auf dem mit einer oder zwei Skalen versehenen langen Arme verschiebt sich eine Hülse mit zwei vorstehenden Enden einer Stahlschneide, auf welcher das Gehänge mit dem damit fest verbundenen unveränderlichen Laufgewicht ruht.

Die Skalen können für Kilogramme oder für Pfunde ausgeführt sein, die Theilstriche derselben müssen sich auf zulässige Gewichtsabstufungen beziehen und gleichen Abstand von einander haben, der nicht geringer als drei Millimeter sein darf; die beizusetzenden Zahlen dürfen nur die Ganzen der Gewichtseinheit ausdrücken, etwa vorkommende Bruchtheile sind ohne Bezeichnung zu lassen. Die Hülse ist mit einer Marke zu versehen, welche ein deutliches Ablesen auf der Theilung gestattet.

Ist eine lose Lastwaagschale vorhanden, so muß das Gewicht derselben mit Einschluß von Ketten, Oese und Gehänge eine ganze Zahl der Gewichtseinheiten der Skale betragen und diese Zahl ist auf der vorderen Seitenfläche des Gehänges in vertiefter Schrift unter Beisetzung von Kilogramm oder Pfund anzugeben.

Das Laufgewicht muß mit der Hülse unveränderlich verbunden sein. Ist die Hülse abnehmbar, so muß ihr Gewicht nebst Gehänge und Laufgewicht unter Vermeidung

jedes anderweiten Ausgleichungsmaterials eine ganze Zahl
der Gewichtseinheiten der Skale betragen, welche Zahl unter
Beisetzung von K oder ℔ auf der vorderen Seite der Hülse
in vertiefter Schrift anzugeben ist.

Ist die Waage mit zwei Skalen versehen, wobei entweder zwei Scheeren und ein Lastaufhängungspunkt, oder
eine Scheere und zwei Lastaufhängungspunkte vorhanden
sind, so müssen die Bedingungen der Richtigkeit für jede
Skale innegehalten sein; ist die Hülse abnehmbar, so darf
sie nur eine Marke, welche für beide Skalen dient, besitzen.

Einer besonderen Angabe der größten Tragfähigkeit
bedarf es bei diesen Waagen nicht, da sich dieselbe aus den
Skalen ergibt; doch muß an den letzteren zu erkennen sein,
ob sie sich auf Kilogramme oder Pfunde beziehen.

§. 51.
Brückenwaagen.

Das Wesentliche derselben besteht darin, daß die Lastwaageschale durch eine Brücke gebildet wird, welche auf
Traghebeln ruht, deren Kraftarme durch Zugstangen entweder direkt (bei Decimalwaagen) oder durch Vermittelung
eines anderweiten Hebels (bei Centesimalwaagen) mit dem
Lastarme eines oberhalb angebrachten Waagebalkens in
Verbindung stehen, an welchem anderseits die Gewichts-
waagschale hängt.

Zulässig ist die bekannte Straßburger oder eine ähnliche Construktion, welche das Wesentliche der oben angegebenen Einrichtung enthält, wenn

das Gewicht zur Last entweder im Verhältniß 1 zu 10
oder 1 zu 100 steht,

die Waage eine verschiedene Angabe nicht zeigt, sobald dieselbe Last an verschiedene Stellen der Brücke
gestellt wird,

für Herstellung der horizontalen Lage der Brücke die
erforderliche Einrichtung getroffen ist (bei transportablen
Waagen dieser Art etwa ein an dem vertikalen Ständer
angebrachter Pendelzeiger nebst Einspielungsmarke),

und eine Einrichtung vorhanden ist, durch welche das Gewicht sämmtlicher Theile sich so ausgleichen läßt, daß die Zunge der Waage im unbelasteten Zustande derselben zu richtiger Einstellung gebracht werden kann.

Die Centesimalwaage muß die Bezeichnung als solche an sich tragen.

Eine nach ihrer sonstigen Beschaffenheit zulässige Brückenwaage wird dadurch, daß sie an dem Waagbalken der Gewichtsschale mit einer Einrichtung zum Wägen mit Laufgewicht und Skale versehen ist, nicht unzulässig, vorausgesetzt, daß diese Einrichtung die im §. 50 an die entsprechenden Einrichtungen der Schnellwaage gestellten Anforderungen soweit erfüllt, um genügend richtige Wägungsresultate zu sichern.

Die Angaben der Tragfähigkeitsgrenzen von Brückenwaagen sind an augenfälliger Stelle der Waagen so anzubringen, daß nicht nur deren Richtigkeit durch beigesetzte Stempelung beglaubigt werden kann, sondern auch die Zugehörigkeit der Angabe zu der Waage gesichert ist, oder nöthigenfalls durch Stempelung in geeigneter Weise gesichert werden kann.

§. 52.

Oberschalige Waagen oder Tafelwaagen.

Bei diesen liegen die Gewichts- und die Lastwaageschale über dem Tragmechanismus und horizontal nebeneinander.

Sie sind nur dann zulässig:

wenn trotz einer Verschiebung des Gewichtes oder der Last auf verschiedene Stellen ihrer Waageschalen eine verschiedene Angabe nicht erfolgt;

wenn sie bei der ungünstigsten Stellung von Gewicht und Last auf den Waageschalen noch eine innerhalb der vorgeschriebenen Grenzen liegende Empfindlichkeit zeigen,

und wenn eine nicht ganz horizontale Aufstellung eine unrichtige Angabe nicht zur Folge hat.

§. 53.

Unzulässige Waagen.

Von der Eichung oder Stempelung auszuschließen sind alle Waagen, die den vorher angegebenen Bedingungen nicht entsprechen, insbesondere daher:

alle Waagen mit hölzernen Waagebalken;

alle Hebelwaagen, bei denen sich nicht die Achsen, sondern die Pfannen in den Hebeln befinden;

alle Hebelwaagen, bei denen die Schärfe der Mittelschneide eines Hebels auf derjenigen Seite der die Endschneiden verbindenden Ebene liegt, welche der Druckrichtung entgegen gesetzt ist;

gleicharmige Balkenwaagen mit verstellbarer Mittelachse;

ungleicharmige Balkenwaagen, bei denen das Laufgewicht nicht an einer verschiebbaren Hülse angebracht ist, sondern mit einem Haken unmittelbar auf dem Waagebalken ruht;

Brückenwaagen oder Tafelwaagen, bei denen eine veränderte Gewichts- oder Lastlage zu einem die vorgeschriebene Empfindlichkeit der Waage beeinträchtigenden Reibungswiderstande Veranlassung gibt.

§. 54.

Eichung und Fehlergrenze.

Beim Eichen der Waagen ist die Richtigkeit, Empfindlichkeit und Belastungsgrenze nach den in der Instruktion enthaltenen Verfahrungsarten zu ermitteln und die Stempelung darf nur dann erfolgen, wenn die Waage im Zustande der größten Belastung noch einen deutlich erkennbaren Ausschlag bei einseitiger Hinzufügung eines Gewichtes giebt, welches nicht mehr betragen darf, als die nachbenannten Größen:

	Gewichtszulage	
	im absolu=ten Betrage	im Verhältniß zur einseitigen Tragkraft
1. bei Waagen, die für den gewöhn-lichen Handels-Verkehr bestimmt sind,		
a. bei gleicharmigen Balken-waagen von mehr als 5 K. größter einseitiger Trag-fähigkeit	5 D	$\frac{1}{2000}$
von 5 K. und weniger größ-ter einseitiger Tragfähigkeit	1 G	$\frac{1}{1000}$
b. bei ungleicharmigen Balken-waagen	1 G	$\frac{1}{1000}$
c. bei Brückenwaagen . .	6 D	$\frac{1}{1667}$
d. bei oberschaligen oder Ta-felwaagen	wie unter a.	
2. bei Präcisions= und Medicinal-waagen, und zwar bei größter einseitiger Tragfähigkeit von mehr als 5 K. für jedes Kilogramm der Last	1 D	$\frac{1}{10000}$
von mehr als 250 G. bis 5 K. für jedes Kilogramm der Last .	2 D	$\frac{1}{5000}$
von mehr als 20 G. bis 250 G. für je 10 Gramm der Last .	5 M	$\frac{1}{2000}$
von 20 Gramm und weniger für je 1 Gramm der Last:		
bei Präcisionswaagen	1 M	$\frac{1}{1000}$
bei Medicinalwaagen	2 M	$\frac{1}{500}$

(rotiert neben a.–d.: für jedes Kilogramm der Last)

§. 55.

Höferwaagen.

Zum Auswägen von Gegenständen des Wochenmarkt-verkehres sind gleicharmige Balkenwaagen von einer geringeren als der vorstehend für Handelswaagen vorgeschriebenen Genauigkeit zur Eichung und Stempelung zuzulassen, wenn sie:

1) eine einseitige Tragfähigkeit von nicht mehr als 2 K. besitzen,

2) an jedem Arme einen angelötheten oder angenieteten Blechstreifen mit der aufgeschlagenen Bezeichnung HW (Hökerwaage) tragen,

3) von der absoluten Richtigkeit nicht mehr als um das Vierfache des für Handelswaagen gestatteten Fehlers, d. h. nicht mehr als $1/_{250}$ der einseitigen Tragfähigkeit abweichen.

Außerdem müssen sie bie in den §§. 47 und 48 aufgestellten Bedingungen der Eichungsfähigkeit erfüllen.

Die Prüfung der Hökerwaagen erfolgt nach den für Balkenwaagen gegebenen Vorschriften.

Hökerwaagen dürfen in Geschäften, in welchen auch mit anderen als den im Eingange bezeichneten Gegenständen gehandelt wird, nicht angewandt werden.

§. 56.
Stempelung.

Die Waagen aller Gattungen erhalten die Stempelung auf einer Plombe, welche vermittelst Drahtöhres derartig angebracht wird, daß sie die Funktion der Waage in keiner Weise behindert, und andererseits nicht beseitigt werden kann, ohne daß entweder sie selbst oder der Draht zerstört oder ein Theil der Waage bemerkbar alterirt werde.

Bei Präcisions- und Medicinalwaagen ist dem Stempel der Plombe der sechsstrahlige Stern beizufügen.

Bei Schnellwaagen und bei Brückenwaagen mit Laufgewicht wird das Laufgewicht auf der Oberfläche seines Pfropfes noch besonders gestempelt.

II. Alkoholometer und dazu gehörige Thermometer.
§. 57.
Zulässige Instrumente.

Zur Prüfung und Stempelung werden nur zugelassen:

a) Solche gläserne Alkoholometer, welche nach Tralles den Alkoholgehalt einer weingeistigen Flüssigkeit in

100 Raumtheilen derselben angeben; sie können ent=
weder die volle Skale von 0—100 oder nur einen
Theil derselben und zwar in vollen Graden oder mit
Angabe von Bruchtheilen enthalten;

b) solche Thermometer, deren Skalen auf Papier oder
Milchglas getheilt und mit der Quecksilberröhre in
eine gläserne Umhüllungsröhre eingeschlossen sind.
Die nach Reaumur auszuführende und als solche zu
bezeichnende Theilung muß bis auf 10 Grad unter
dem Gefrierpunkt fortgesetzt und die Skale bei 12⁴/₉⁰
mit einem rothen Striche versehen sein;

c) solche gläserne Thermo=Alkoholometer, bei denen das
Quecksilbergefäß des den oben angegebenen Erforder=
nissen entsprechenden Thermometers als Belastung
für das damit verbundene Alkoholometer ohne weitere
Beschwerung ausreicht. Der äußere Durchmesser
des Quecksilbergefäßes, für welches außer der Kugel=
form auch die eines Cylinders zulässig ist, darf
13 mm. nicht überschreiten.

Unzulässig ist die Eichung metallener Alkoholometer
und solcher gläserner, die neben der Skale nach Tralles
noch eine andere von dieser verschiedene Procenten=
oder Reduktionsskale besitzen.

§. 58.
Prüfung und Fehlergrenze.

Bei der Prüfung ist das in der Instruktion angegebene
Verfahren zu befolgen, und es dürfen nur solche Instru=
mente gestempelt werden, bei denen die Theilung eine
größere Abweichung als ¹/₄ Grad gegen das zur Vergleichung
benutzte Normalinstrument nicht zeigt.

Die Stempelung erfolgt für die Alkoholometer und
Thermo=Alkoholometer auf der Papierskale, die den Namen
und Wohnort des Verfertigers und die Angabe, daß die
Skale nach Tralles getheilt ist, enthalten muß, und auf
welche schon vorher von der Eichanstalt das Gewicht in
Milligrammen aufgetragen ist; bei Thermometern mit

Papierſkale ebenfalls auf dieſer, bei ſolchen mit Glasſkale
durch Aufkleben des auf Papier aufgedruckten Stempels.

§. 59.
Eichſchein, Reduktionstabelle, Gebrauchs-Anweiſung.

Mit jedem Alkoholometer und Thermo=Alkoholometer
wird ein Eichſchein und ein Exemplar der Reduktionstabellen
nebſt beigedruckter Gebrauchs=Anweiſung ausgegeben.

Erſterer enthält die Firma des Verfertigers, den Tag
der Prüfung, die laufende Nummer, den Umfang der
Skale, das Gewicht des Inſtrumentes und den Stempel
der Eichanſtalt.

Der Erſatz eines verlorenen Eichſcheines kann nur
nach neuer Prüfung des Inſtrumentes erfolgen, der Erſatz
einer verloren gegangenen Reduktionstabelle nur gegen
Vorzeigung des Eichſcheines.

III. Gasmeſſer.
§. 60.
Zuläſſige Gasmeſſer.

Zur Eichung und Stempelung ſind ſolche Gasmeſſer
zuzulaſſen:

    welche die Gasmenge nach Kubikmetern beſtimmen;
    bei denen die Meſſung des Gaſes durch eine roti-
rende, zum Theil in Waſſer oder eine andere Flüſſig=
keit eintauchende Blechtrommel (naſſe Gasmeſſer);
    oder durch ein Syſtem von trockenen Kammern mit
beweglichen Wänden (trockene Gasmeſſer) erfolgt, und
    welche mit den zur Erreichung einer ſicheren Ab-
meſſung erforderlichen Einrichtungen verſehen ſind.

§. 61.
Beſchaffenheit der Gasmeſſer.

Es muß daher;
    A. bei den naſſen Gasmeſſern
die um eine horizontale Achſe rotirende Trommel nicht ohne

Verletzung des später anzubringenden Stempels zugänglich sein, und in einem gasdichten Gehäuse sich befinden, welches zugleich als Gas- und Flüssigkeitsbehälter dient;

der oberhalb des Flüssigkeitsspiegels liegende, gasfassende Theil der Trommel dadurch zu einem möglichst unveränderlichen Kubikinhalte gebracht werden, daß der, diesen Fassungsraum begrenzende Flüssigkeitsspiegel sowohl überhaupt, als in seiner Lage gegen die Trommelachse constant erhalten werden kann;

ferner müssen die Enden der Füße des Gasmessers sich in einer Ebene befinden, damit demselben für die Aufstellung bei der Verwendung diejenige Stellung gesichert werden kann, welche er bei der Eichung auf einer horizontalen Ebene einnahm.

B. bei trockenen Gasmessern

müssen die messenden Kammern und Ventile von einem gasdichten Gehäuse umschlossen sein,

vollkommen gasdichte, leicht bewegliche Scheidewände haben, welche so angeordnet sind, daß sich Wassersäcke, durch die der Fassungsraum verändert wird, nicht bilden können.

ad A und B.

Bei nassen und trockenen Gasmessern muß die Summe der messenden Räume (resp. der Trommel oder der Kammern) bei einem Gasdruck von 40mm Wassersäulenhöhe zu dem Kubikmeter in einem Verhältniß stehen, welches durch den Zählapparat genau wiedergegeben wird.

§. 62.
Beschaffenheit des Zählwerks.

Es muß das Zählwerk (die Gasuhr) so angebracht sein, daß es nicht ohne Verletzung des später anzubringenden Stempels zugänglich ist und es müssen

die einzelnen Scheiben nur Zahlen enthalten, welche die abzumessende Gasmenge nach Kubikmetern bestimmen (wobei jedoch nicht ausgeschlossen ist, kleinere Raumtheile als das Kubikmeter nach Bruchtheilen desselben oder nach Litern zu registriren, die dann mit diesen Bruchtheilen

oder mit dem Buchstaben L auf den Zifferblättern zu be=
zeichnen sind).

§. 63.
Bezeichnung.

Auf jedem Gasmesser muß untrennbar von demselben
angegeben sein:

>   der Name und Wohnort des Verfertigers,
>   die laufende Fabriknummer,
>   der Inhalt des messenden Raumes in Litern in der
>   Form J. = ... L,
>   das größte Gasvolumen, welches derselbe pro Stunde
>   durchzulassen bestimmt ist, in Kubikmetern in der Form:
>   V = ... Kub. Met.

Auf dem Zählwerke muß angegeben sein, daß es nach
Kubikmetern registrirt.

§. 64.
Prüfung und Fehlergrenze.

Die Prüfung der Gasmesser erfolgt nach Maßgabe
der in der Instruktion enthaltenen Vorschriften und die
Stempelung kann nur stattfinden, wenn das beobachtete
Volumen von dem durch das Zählwerk registrirten um
nicht mehr als 2 Procent im Sinne des Zuviel oder Zu=
wenig abweicht.

§. 65.
Stempelung.

Die Beglaubigung erfolgt durch mehrfaches Aufschlagen
oder Aufdrücken des Stempels so, daß die Trennung der
Theile, aus denen das umschließende Gehäuse besteht, eine
Oeffnung des Zählwerkes oder eine Abtrennung des Schildes,
dafern auf einem solchen die im §. 63 erwähnten Bezeich=
nungen aufgetragen sind, nicht ohne Verletzung der Stempel
erfolgen kann.

Bei nassen Gasmessern, welche mit einer Vorrichtung
versehen sind, durch welche der Flüssigkeitsstand von außen
verändert werden kann, muß diese Vorrichtung so beschaffen

sein und durch Löthung und Stempelung oder durch ge=
stempelte Plombirung so gesichert werden, daß bei der so
firirten Einstellung keine Erhöhung des Flüssigkeitsspiegels
nachträglich mehr erfolgen kann.

**VI. Anderweitige der Eichung und Stempelung unter-
liegende Gegenstände.**

§. 66.

Ueber die Zulassung anderweitiger Geräthschaften zur
Eichung und Stempelung entscheidet nach Maßgabe des
§. 3, Abs. 2 des Reichsgesetzes vom 26. November 1871
die kgl. Normal=Eichungs=Kommission. Mit der Bescheidung
der beßfallsigen Anträge werden die erforderlichen näheren
Vorschriften verbunden werden.

Dritter Abschnitt.

Uebergangsbestimmungen.

§. 67.

Eichung im Verkehr befindlicher Gewichte.

Im Verkehr befindliche Gewichte, deren Größe und
Größenbezeichnung nach den allgemeinen Bestimmungen der
neuen Maß= und Gewichtsordnung zulässig ist, und die
nach den bisher geltenden Bestimmungen vorschriftsmäßig
geeicht und gestempelt sind, können ungeachtet ihrer mit
§. 38, 39, 41 und 42 nicht übereinstimmenden Gewichts-
größe, Bezeichnung, Form und sonstigen Beschaffenheit auch
nach dem 1. Januar 1872 zur periodischen Verification zugelassen werden.

§. 68.

**Oeffentliche Bekanntmachung der im Verkehre
unzulässigen älteren Gewichte.**

Die kgl. Normal-Eichungs-Kommission wird durch
öffentliche Bekanntmachung diejenigen Gewichtsstücke der bis

zum Ende des Jahres 1871 geltenden Gewichtssysteme be=
zeichnen, welche nach ihrer Größe und Größenbezeichnung
den Vorschriften der Maß= und Gewichtsordnung nicht ent=
sprechen, und deßhalb vom 1. Januar 1872 an im öffent=
lichen Verkehr nicht mehr zugelassen werden können.

§. 69.

Eichung der Waagen.

Die Eichanstalten haben die im Verkehr befindlichen
Waagen, welche nach den bis zu Ende des Jahres 1871
geltenden Vorschriften beglaubigt sind, auch nach dem 1. Ja=
nuar 1872 zur Nacheichung anzunehmen, und dieselben
soferne ihre Zulässigkeit keinen sonstigen Bedenken unterliegt,
zu stempeln, wenn sie auch die in §. 47 vorgeschriebene
Bezeichnung der größten Tragfähigkeit, sowie beziehungsweise
der geringsten zulässigen Belastung nicht an sich tragen.

In solchen Fällen sind, so weit es thunlich, die feh=
lenden Bezeichnungen anzubringen.

§. 70.

Eichung von Alkoholometern und Gasmessern.

Die bereits vor dem 1. Januar 1872 nach den bis=
her geltenden Vorschriften geprüften und gestempelten Alko=
holometer und Gasmesser bleiben auch ferner im Verkehre
zulässig. Die Beglaubigung durch den neuen Eichungs=
stempel ist bei beiden Arten von Meßwerkzeugen an die
Erfüllung der Vorschriften dieser Eichordnung gebunden,
doch können Gasmesser, welche bereits vor dem 1. Januar
1872 gehörig gestempelt und in Gebrauch waren, und
welche wegen unwesentlicher Reparaturen nach diesem Zeit=
punkt einer neuen Stempelung bedürfen, auch ohne den
Vorschriften der §. 60—63 zu genügen, gestempelt werden.

Nicht gestempelte und bereits in Gebrauch befindliche
Gasmesser, dafern sie bei der Prüfung sich als zulässig er=
weisen, können, trotzdem daß sie nicht nach metrischem Maße

registriren, bis auf Weiteres nach dem in der Instruktion näher angegebenen Verfahren geeicht und gestempelt werden. Nach wesentlichen Reparaturen jedoch, worüber die Instruktion Näheres bestimmen wird, müssen alle solche Gasmesser auf metrische Registrirung eingerichtet werden, bevor sie eine neue Stempelung erfahren können.

München, den 12. December 1871.

Königlich Bayerische Normal-Eichungs-Kommission.

Nies,

kgl. Oberregierungsrath.

Reg.=Bl. Nr. 59. **Bekanntmachung,**

den Vollzug des Gesetzes vom 29. April 1869, die Maß= und Gewichtsordnung betr.

Staatsministerium des Handels und der öffentlichen Arbeiten.

Im Vollzuge des Gesetzes vom 29. April l. Js., die Maß= und Gewichtsordnung betr., werden in nachstehender Tabelle die Verhältnißzahlen für die Umrechnung der im diesrheinischen Bayern bisher giltigen Maße und Gewichte in die durch das Gesetz vom 29. April l. Js., die Maß= und Gewichtsordnung betr., festgestellten neuen Maße und Gewichte bekannt gemacht.

Bezüglich der Holzmaße wird eine besondere Bekannt= machung erfolgen.

Die bestehenden Feldmaße bleiben nach Art. 5. des Ge= setzes vom 29. April l. Js. bis auf Weiteres in Geltung.*)

München, den 13. August 1869.

Auf Seiner Königlichen Majestät Allerhöchsten Befehl.

v. Schlör.

Durch den Minister:

der Generalsecretär, Minist.=Rath v. Cetto.

---

*) Vergleiche §. 2 des Reichsgesetzes vom 22. November 1871. (S Nr. I.)

Verhältniß-

<table>
<tr><td align="center">**Altes Maß.**</td><td align="center">**Neues Maß.**</td></tr>
</table>

I. Längen-

1 bayer. Fuß zu 12 Zoll oder zu 144 Linien = 129³⁶/₁₀₀ Pariser Linien	= 0,2918592 Meter.
1 Zoll	= 2,43216 Zentimeter.
1 Linie	= 2,0268 Millimeter.
1 bayer. Klafter zu 6 Fuß	= 1,751155 Meter.
1 geometrische Ruthe zu 10 Fuß . . .	= 2,918592 Meter.
1 bayer. Elle zu 2 Fuß 10¼ Zoll . . .	= 0,833015 Meter.
1 geometrische Stunde, Post= oder Wegstunde = 12,703 Fuß	= 3,70749 Kilometer.

II. Flächen-

1 bayer. Quadratfuß zu 144 Quadratzollen	= 0,085182 ☐ Meter.
1 Quadratzoll	= 5,9154 ☐ Zentimeter.
1 Quadratlinie	= 4,1079 ☐ Millimeter.
1 Quadratklafter zu 36 Quadratfuß . .	= 3,0665 ☐ Meter.
1 Quadratruthe zu 100 Quadratfuß . .	= 8,5182 ☐ Meter.
1 Tagwerk ob. Morgen zu 400 Quadratruth.	= 34,07272 Are.

III. Körper-

1 Kubikfuß	= 0,024861 Kubikmeter.
1 Kubikzoll	= 14,38721 Kubikzentm.

IV. Hohlmaße für

1 bayer. Maßkanne zu 43 Dezimal=Kubikzoll	= 1,06903 Liter.
1 bayerischer Eimer zu 64 Maß oder zu 2,752 Kubikfuß	= 68,4177 Liter.

V. Getreid-

1 bayer. Metzen zu 34²/₃ Maßkannen . .	= 37,0596 Liter.
½ " " Viertel genannt	= 18,5298 Liter.
¾ " " halbes Viertel genannt .	= 9,2649 Liter.
⅛ " " Maßl genannt	= 4,6325 Liter.
¹/₁₆ " " halbes Maßl genannt . .	= 2,3162 Liter.
¹/₃₂ " " Dreißiger genannt . . .	= 1,1581 Liter.
6 Metzen=Maß, Schäffel genannt . . .	= 2,22358 Hektoliter.

VI. Handels-

1 bayer. Pfund zu 32 Loth	= 560 Gramm.
1 Loth à 4 Quentchen	= 17,5 Gramm.
1 Quentchen	= 4,375 Gramm.
1 Zentner zu 100 Pfunden	= 56 Kilogramm.
	= 1 Zt. 12 Pfd. Zollgew.

Zahlen.

Neues Maß.   Altes Maß.

Maße.

1 Meter	= 3,42631 Fuß.
1 Zentimeter	= 0,41116 Zoll.
1 Millimeter	= 0,4934 Linie.
1 Kilometer	= 0,269724 Stunde.
1 Meter	= 0,57105 Klafter.
1 Meter	= 0,34263 Ruthe.
1 Meter	= 1,20046 Elle.

Maße.

1 Quadratmeter	= 11,7396 Quadratfuß.
1 Quadratzentimeter	= 0,16905 Quadratzoll.
1 Quadratmillimeter	= 0,24343 Quadratlinie.
1 Ar	= 32,610 Quadratklafter.
1 Ar	= 11,7396 Quadratruthen.
1 Hektar	= 2,9349 Tagwerk.

Maße.

1 Kubikmeter	= 40,2235 Kubikfuß.
1 Kubikzentimeter	= 0,069506 Kubikzoll.

Flüssigkeiten.

1 Liter	= 0,93543 Maßkannen.
1 Hektoliter	= 1,46161 bayer. Eimer.

Maße.

1 Hektoliter	= 2,69836 Metzen.
1 Hektoliter	= 5,3967 Viertel.
1 Hektoliter	= 10,79342 halbe Viertel.
1 Hektoliter	= 21,58685 Maßl.
1 Hektoliter	= 43,17370 halbe Maßl.
1 Hektoliter	= 86,34739 Dreißiger.
1 Hektoliter	= 0,44973 Schäffel.

Gewicht.

1 Kilogramm oder Kilo = 1000 Gramm = 2 Zollpfund	= 1,785715 bayer. Pfund.
1 Dekagramm	= 2,2857 Quentchen.
1 Gramm	= 0,22857 Quentchen.

Altes Maß.	Neues Maß.

VII. Medicinal- und

1 Pfund (Libra) = 12 Unzen	= 360 Gramm.
1 Unze = 8 Drachmen	= 30 Gramm.
1 Drachme = 3 Skrupel	= 3,75 Gramm.
1 Skrupel = 20 Gran	= 1,25 Gramm.
1 Gran	= 0,0625 Gramm.

VIII. Gold-, Silber-, Juwelen-

1 bayer. Mark zu 16 Loth	= 280 Gramm.
1 Loth zu 16 Pfenningen	= 17,5 Gramm.
1 Pfenning	= 1,09375 Gramm.
1 Krone (Goldgewicht)	= 3,24799 Gramm.
1 Sechzehntel	= 0,20300 Gramm.
$\frac{1}{2}$ "	= 0,10150 Gramm.
$\frac{1}{4}$ "	= 0,05075 Gramm.
1 Dukaten (Goldgewicht)	= 3,49038 Gramm.
1 Sechzehntel	= 0,21815 Gramm.
$\frac{1}{2}$ "	= 0,10907 Gramm.
$\frac{1}{4}$ "	= 0,05454 Gramm.

Das holländische Juwelenkarat . . . . = 20,5894 Zentigramm.

I. Lehrstunde.
Metrische Längenmaße.
Das Meter und seine Theile.

Das Meter ist zehn Millionen Mal in dem Abstande eines Poles der Erde vom Aequator enthalten, wobei dieser Abstand längs des Meridianes und nach der Meeresfläche gemessen ist.

Zur Versinnlichung wird hier der Lehrer an die Tafel einen Kreis zeichnen, dessen Umfang einen Meridian vorstellen soll. Der vierte Theil desselben ist alsdann 10 Millionen Meter lang. Denkt man sich diesen Viertelskreis in eine gerade Linie ausgebreitet und theilt alsdann die Länge derselben in 10 Millionen gleiche Theile, so ist jeder davon ein Meter.

Das Meter ist die Einheit der Längenmaße, mit welchen gerade und krumme Linien gemessen werden. Das Meter wird auch Stab genannt.

Hier zeigt der Lehrer das Meter selbst vor und wie-

Neues Maß.	Altes Maß.

Apotheker-Gewicht.

1 Kilo = 1000 Gramm . .	= 2 Libra 9 Unzen 2 Drachmen und 2 Skrupel.
1 Gramm	= 16 Gran.
1 Dezigramm	= 1,6 Gran.
1 Zentigramm	= 0,16 Gran.

und Perlen-Gewicht.

1 Kilogramm	= 3 Mark	9 Loth 2,28571	Pfenning.
1 Dekagramm	= — „	— „ 9,14286	„
1 Gramm	= — „	— „ 0,91429	„
1 Kilogramm	= 307 Kronen	14,11891 Sechzehntel.	
1 Dekagramm	= 3 „	1,26119	„
1 Gramm	= — „	4,92612	„
1 Dezigramm	= — „	0,49261	„
1 Zentigramm	= — „	0,04926	„
1 Kilogramm	= 286 Dukaten	8,02732	„
1 Dekagramm	= 2 „	13,84027	„
1 Gramm	= — „	4,58403	„
1 Dezigramm	= — „	0,45840	„
1 Zentigramm	= — „	0,04584	„
1 Gramm	= 4,8569 holländische Juwelenkarate.		

---

derholt dabei, daß dasselbe 10 Millionen Mal in der Entfernung eines Poles der Erde vom Aequator enthalten sei und folglich 40 Millionen Mal im ganzen Erdumfang. Es ist ungefähr 3½ oder genauer 3,426 bayerische Fuß (einen starken Mannsschritt) lang. 1 Meter = 3′ 4″ 2,6‴ d. oder = 3′ 5″ 1⅓‴ d. d. (Duodezimalmaß.)

Das Meter wird eingetheilt in zehn gleiche Theile, die man Dezimeter nennt.

Der Lehrer wird diese Eintheilung an der ganzen Länge des Maßstabes zeigen und zugleich darauf aufmerksam machen, daß die Länge des Dezimeters ungefähr gleich sei der Breite seiner Hand oder der fünf Finger, so daß, wenn man die Breite der Hand zehnmal aneinander legt, man nahezu die Länge des Meters erhält. 1 Dezimeter = 3″ 4,26‴ d.

Jedes Dezimeter ist wiederum in zehn gleiche Theile getheilt, die Zentimeter heißen, so daß also 100 Zentimeter auf ein Meter gehen.

Auf dem Maßſtab iſt immer das fünfte Zentimeter eines jeden Dezimeters · durch einen längeren Strich be= zeichnet als die übrigen, um dadurch die Ueberſichtlichkeit der Eintheilung zu vergrößern.

Da das Dezimeter nahezu die Breite der fünf Finger darſtellt, ſo wird die Breite eines Fingers ungefähr zwei Zentimeter betragen, oder ein Zentimeter iſt ungefähr die Breite eines Fingernagels.   1 Zentimeter = 3,4‴ d.

Das Zentimeter heißt auch Neuzoll.

Das Meter iſt ſeiner ganzen Länge nach in Zentimeter eingetheilt, ſo daß alſo dasſelbe 100 Theile enthält. Die Dezimeter ſind aber nicht mit den Zahlen 1, 2, 3, 4, 5, 6, 7, 8, 9, 10 be= zeichnet, ſondern mit 10, 20, 30, 40, 50, 60, 70, 80, 90, 100, welche Zahlen alſo ebenſo viele Zentimeter bedeuten.

Endlich iſt jedes Zentimeter wieder in zehn gleiche Theile getheilt, die Milli= meter genannt werden. Das Meter ent= hält 1000 Millimeter.

Das Millimeter iſt der Dicke einer ſtarken Nähnadel oder zehn Haardicken gleich und heißt auch Strich.

1 Millimeter = 0,34‴ d = ⅓ Dezimallinie nahezu; 3 Millimeter ſind alſo nahezu 1 De= zimallinie.

Auf dem Maßſtab iſt häufig nur das erſte De= zimeter in Millimeter eingetheilt; dasſelbe ent= hält 100 Millimeter.   Das fünfte Millimeter eines jeden Zentimeters iſt durch einen längeren Strich bezeichnet als die übrigen, um ſogleich die Hälfte eines Zentimeters zu erkennen.

Es iſt unmöglich, auf Holz ein Millimeter noch weiter in zehn Theile zu theilen, ſo daß die Aus= führung auf die dritte zehntheilige Eintheilung des Meters beſchränkt iſt. Dagegen kann man durch einige Uebung leicht die zehnten Theile des Milli= meters ſchätzen.

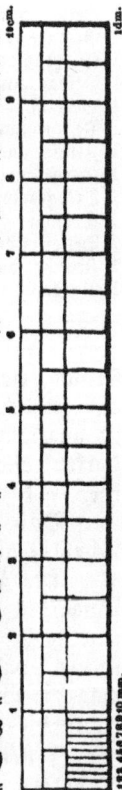

Fig. 1.

Vorstehende Figur stellt die Länge eines Dezimeters dar, das in 10 Zentimeter getheilt ist; das erste Zentimeter ist in Millimeter eingetheilt.

Das Meter und seine Theile sind also in folgender Tabelle enthalten:

Meter		Dezimeter		Zentimeter		Millimeter
1	=	10	=	100	=	1000
		1	=	10	=	100
				1	=	10

Am Schlusse der Lehrstunde wird der Lehrer das Meter noch den Schülern vorzeigen und sie zugleich auf die Theilungen desselben aufmerksam machen.

Da ein Meter sowohl als Taschenmaß als auch zu vielen Anwendungen zu lang wäre, so wird man sich mit Vortheil eines Maßstabes von der Länge eines doppelten Dezimeters bedienen. Diese Maßstäbe haben entweder die Form eines Lineals oder die eines dreiseitigen Prismas. Die letztern sind sehr bequem, da man sie auf das Papier oder auf jede andere Ebene so legen kann, daß die Eintheilung unmittelbar die Fläche berührt.

Anmerkung. Die Erde hat die Gestalt eines Umdrehungs-Ellipsoides oder nahezu die Gestalt einer Kugel. Denkt man sich die beiden Pole durch eine gerade Linie verbunden, so heißt diese die Erdachse. Jede durch diese Achse gelegte Ebene heißt eine Meridianebene, und der Schnitt einer solchen Ebene mit der Erdoberfläche, der unter der Voraussetzung der Kugelgestalt der Erde ein größter Kreis sein wird, heißt Meridian. In dem Umfang dieses Kreises ist das Meter vierzig Millionen Mal enthalten. Um die Länge eines Meridian-Quadranten zu finden, wurden am Ende des vorigen Jahrhunderts auf Veranlassung der französischen Regierung Gradmessungen mit all' der Genauigkeit ausgeführt, welche damals die Feinheit der Meßinstrumente ermöglichte. Der zehnmillionste Theil des hieraus abgeleiteten Quadranten bildet die Längeneinheit des metrischen Maßsystemes. Französische Gelehrte, von denen der Vorschlag ausging, rühmten von dieser Einheit, daß sie zu jeder Zeit, auch wenn der darnach ausgeführte Original-Maßstab beschädiget würde oder verloren ginge, durch eine erneuerte Gradmessung reproducirt werden könne, daß man in derselben eine unveränderliche, durch die Natur gegebene, Länge, ein Naturmaß besitze. Man sieht ein, daß, abgesehen von der nur angenommenen Unveränderlichkeit des Erddurchmessers, man von einem Naturmaß nur dann sprechen könnte, wenn die Natur einen Körper von nicht allein unveränderlichen, sondern auch von solchen Dimensionen hervorbrächte, die es erlauben, unmittelbar eine Kopie zu nehmen. Jede erst

aus Messungen abgeleitete Größe kann nicht mehr als Naturmaß be=
zeichnet werden, denn jede Verbesserung der Meßinstrumente würde
eine genauere, also auch eine andere Größe als Urmaß liefern.

Man hat schließlich in Frankreich als Urmaßstab des Meters einen
bestimmten Platinstab bezeichnet, der in bestimmter Temperatur eine
Länge besitzt, welche den zehnmillionten Theil jener Länge darstellt, die
man auf Grund der damaligen Gradmessungen als Länge des Me=
ridianquadranten erhalten hatte. Das Urmaß des Meters ist hiernach
ein vollkommen bestimmtes Maß, und ist ebenso genau als jener
Stab genau und unveränderlich seine Gestalt beibehält. Ein Natur=
maß ist es aber nicht. In der That haben die neueren und genaueren
Gradmessungen eine etwas größere Länge für den Meridianquadranten
ergeben. Das Urmaß des Meters entspricht also nicht genau seiner
Definition. Groß ist der Unterschied nicht, er beträgt nach Bessel
nur $\frac{155}{10\,000\,000}$ des Meters, immerhin aber groß genug, um die Be=
hauptung zu begründen, daß das Meter nicht die Bedeutung eines
Naturmaßes besitze. Der Vorzug des metrischen Maßsystemes liegt nicht
in der Einheit, die zu Grunde gelegt ist, sondern in dem darauf auf=
gebauten Systeme, sowie in der großen Verbreitung, welches dasselbe
gefunden hat.

II. Lehrstunde.
Das Meter und seine Vielfachen.

Nachdem der Lehrer den Stoff der ersten Lehrstunde
kurz wiederholt hat, wird er darauf aufmerksam machen,
daß die Eintheilung des Meters eine durchaus dezimale
sei, und auf den Vortheil hinweisen, den diese Ueberein=
stimmung mit unserem dekadischen Zahlensystem bei Ueber=
führung des Meters in seine Theile und umgekehrt darbietet.

Es ist nun natürlich, daß man auch die Vielfachen des
Meters in derselben Weise herstellt. Wie die Benennungen
für die Theile des Meters der lateinischen, so sind sie für die
Vielfachen des Meters der griechischen Sprache entnommen.

Eine Länge von 10 Metern heißt das Dekameter
oder die Kette.

Der Lehrer wird dann eine Meßkette, wenn sie ihm
zur Verfügung steht, abwickeln, die in der That 10 Meter
lang ist und Dekameter oder Kette genannt wird; er hat zu
dem Ende vorher für eine genügende Entfernung zur Aus=
führung dieser Operation Sorge getragen. Da das Meter
3,426 bayerische Fuß enthält, so wird das Dekameter
= 34,26 b. Fuß sein, oder wenn man einen gewöhnlichen
Schritt zu 2½ Fuß annimmt, ungefähr 14 Schritte betragen.

Wenn man nun diese Kette von 10 Meter Länge zehnmal aneinander legt, so erhält man eine Länge, die mit dem Namen Hektometer bezeichnet wird.

Das Hektometer ist also eine Länge von 100 Metern.

In dem Falle, daß ein Weg sich zur Abmessung dieser Länge darbietet, wird der Lehrer auf demselben eine Länge von einem Hektometer abstecken und die Schüler darauf aufmerksam machen, daß man diese Entfernung bei gewöhnlichem Schritte in ungefähr $1\frac{1}{3}$ Minuten zurücklegen könne, und daß dieselbe ungefähr 140 Schritte betrage.

Eine Länge von 10 Hektometern oder von 1000 Metern heißt das Kilometer.

Unter obiger Bedingung durchläuft man das Kilometer in ungefähr 13 Minuten. Das Kilometer ist nahezu $\frac{1}{4}$ daher. Wegstunde oder genauer 0,27 b. Wegstunden lang.

Eine Länge von 10 000 Metern wird mit dem Namen Myriameter belegt.

Diese Länge wird in 133 Minuten oder in 2 Stunden 13 Minuten durchgangen.

In dieser Weise fortfahrend findet man, daß man 100 000 Meter in 1333 Minuten, 1 000 000 Meter in 13 333 Minuten, 10 000 000 Meter oder die Entfernung der Erdpole vom Aequator in 133 333 Minuten, d. h. in 2222 Stunden oder in nahe 93 Tagen, oder in etwas mehr als 3 Monaten zurücklegen könnte. Daraus folgt alsdann, daß man die Reise um die Erde in etwas mehr als einem Jahre ausführen könnte, wenn man, ohne sich aufzuhalten, immer in gleichem Schritte fortmarschirte, und wenn sich nicht verschiedene Hindernisse, wie die Unebenheiten des Bodens, die Meere 2c. entgegenstellen würden.

Das Myriameter dient zur Messung der größten Entfernungen; kleinere Entfernungen, z. B. Bahnlängen, werden durch das Kilometer ausgedrückt, welche beiden Maße mit dem Namen Wegmesser oder Wegmaße bezeichnet werden.

Außerdem dient als Entfernungsmaß noch die Meile von 7500 Metern.

Das Myriameter ist tausendmal in der Länge des

Meridianquadranten enthalten, ebenso wie das Millimeter tausendmal in der Längeneinheit, im Meter, enthalten ist. So oft also das größte Wegmaß in der Entfernung des Poles vom Aequator, so oft ist das kleinste der Maße in der Einheit des Systemes enthalten, so daß also ein Mensch, der ein Myriameter durchgangen hat, während ein kleines Insekt ein Millimeter durchkroch, zur Zurücklegung des Meridianquadranten dieselbe Zeit brauchen würde, wie dieses zur Zurücklegung eines Meters. Wirkliche oder reele Längenmaße sind das Meter, seine drei Unterabtheilungen, das Dekameter und deren Doppelten und Hälften; nominelle Längenmaße, die nicht als wirkliche Meßgeräthe hergestellt werden, das Hektometer, Kilometer und Myriameter.

Zur Eichung und Stempelung werden die Längenmaße nur in folgenden Größen zugelassen:

20 Meter,
10 Meter oder 1 Dekameter,
5 Meter,
2 Meter,
1 Meter,
0,5 Meter oder 5 Dezimeter oder 50 Zentimeter,
0,2 Meter oder 2 Dezimeter oder 20 Zentimeter,
0,1 Meter oder 1 Dezimeter oder 10 Zentimeter.

Uebersichtstabelle für die metrischen Längenmaße.

Myria-meter	Kilo-meter	Hekto-meter	Deka-meter	(Einheit) Meter	Dezimeter	Zentimeter	Millimeter
1	10	100	1000	10000	100 000	1000 000	10 000 000
	1	10	100	1000	10 000	100 000	1 000 000
		1	10	100	1 000	10 000	100 000
			1	10	100	1 000	10 000
				1	10	100	1 000
					1	10	100
						1	10

Die vollständige Ueberſichtstabelle für die metriſchen Längenmaße läßt ſich wie in nebenſtehender Weiſe darſtellen.

In den beiden vorſtehenden Lehrſtunden wurden die metriſchen Längenmaße vollſtändig aufgezählt, um an denſelben den bezimalen Aufbau des ganzen Syſtemes, in dem ja der Hauptvortheil des metriſchen oder dekabiſchen Maß- und Gewichtsſyſtems beſteht, zu zeigen. Für den praktiſchen Gebrauch ſind aber nicht alle dieſe Benennungen nothwendig; deßhalb ſieht das Geſetz auch von den überflüſſigen ab und führt bloß die nothwendigen oder zweckmäßigen an.

Es ſind in der Maß- und Gewichtsordnung an Längenmaßen nur angeführt:

Das Meter oder der Stab, das Zentimeter oder der Neuzoll, das Millimeter oder der Strich, das Dekameter oder die Kette, das Kilometer und die Meile. Der erſte Artikel der Maß- und Gewichtsordnung, nach welchem das Meter mit bezimaler Theilung und Vervielfachung die Grundlage des Maßes und Gewichtes iſt, zeigt aber, daß auch der Gebrauch der geſetzlich nicht aufgeführten Glieder des metriſchen Syſtemes geſtattet iſt. Von den Längenmaßen wird außer den eben genannten noch das Dezimeter jedenfalls gebraucht werden, da ſein Würfel, das Cubikdezimeter, ein ſehr bequemes Maß für den Inhalt kleinerer Körper bildet und außerdem auch die Einheit der Hohlmaße, das Liter, ein Cubikdezimeter iſt.

Was die deutſchen Bezeichnungen betrifft, ſo werden ſich dieſelben wahrſcheinlich nicht leicht allgemeinen Eingang verſchaffen; mit der von auswärts entnommenen Sache werden ſich auch die ihr eigenthümlichen Bezeichnungen in Deutſchland Geltung verſchaffen. Die dem Sprachſchatz des klaſſiſchen Alterthums entnommenen Namen, wie Meter, Liter u. ſ. w. fügen ſich unſchwer der deutſchen Sprache ein, ſind zum Theil ſelbſt in Zuſammenſetzungen ſchon eingebürgert und in den allgemeinen Gebrauch übergegangen.

Was von den Längenmaßen gilt, daſſelbe läßt ſich auch über die Flächen- und Körpermaße, ſowie die Gewichte des metriſchen Syſtemes bemerken. Die fünf Grundeinheiten des Syſtemes: Meter, Are, Stere (Einheit des Holzmaßes),

Liter, Gramm allein bilden mit ihren Vielfachen und Unterabtheilungen nicht weniger als 40 Glieder, wozu noch als Flächen= und Raummaße die Quadrate und Würfel der Längeneinheit kommen. Es versteht sich von selbst, daß diese beträchtliche Anzahl von Maßgrößen die Bedürfnisse des praktischen Lebens und der Wissenschaft weit übersteigt, und durch Beibehaltung derselben würde bloß das Gedächtniß beschwert, die Vorstellung verwirrt und das rasche Eindringen des Systemes in das Volksleben wesentlich erschwert werden. Es werden deßhalb im Folgenden nur die durch das Gesetz beibehaltenen Benennungen zur Anwendung kommen, alle übrigen dagegen gewöhnlich vermieden werden.

III. Lehrstunde.
Graphische Einübung der Längenmaße des metrischen Systemes.

Diese dritte Lektion soll zunächst eine Wiederholung der beiden ersten sein. Zu diesem Ende wird der Lehrer der Reihe nach an die Schüler folgende Fragen stellen:

Welches ist die Einheit der Längenmaße?

Wie oft ist das Meter in der Entfernung eines Poles der Erde vom Aequator, gemessen längs eines Meridianes, oder was dasselbe ist, im Meridianquadranten enthalten?

Wie oft in dem Erdumfang?

Wie theilt man das Meter ein?

Wie theilt man das Dezimeter?

Wie das Zentimeter?

Wie heißt man eine Länge von 10 Metern?

Wie eine solche von 1000 Metern?

Zeigt auf dem Meter=Maßstabe die Theilung nach Dezimetern.

Zeigt die Theilung nach Zentimetern und nach Millimetern.

Wie viele Millimeter sind im Dezimeter enthalten?

Wie viele Millimeter in einem Meter?

Wie viele Zentimeter in einem Meter?

Mit welchem Wegmaß werden meist die Entfernungen z. B. Bahnlängen gemessen? (Kilometer.)

Wie oft ist das Kilometer in dem Meridianqua=
dranten' enthalten?

In wie viel Minuten durchläuft man das Kilometer?
In wie viel Tagen den Meridianquadranten?
In welcher Zeit den Erdumfang?

Welches sind die kleinsten Theile, die auf den Maß=
stäben angegeben sind?

Nach diesen Fragen wird der Lehrer zur graphischen
(zeichnenden) Darstellung der Maße schreiten.

Jeder Schüler hat zu dem Ende vor sich eine Tafel
oder ein Blatt Papier liegen, und der Lehrer ordnet an,
daß jeder aus seinem Gedächtniß die Länge eines Dezi=
meters zeichne. Mit einem Maßstab wird er alsdann die
einzelnen Längen abmessen und jedem Schüler zeigen, um
wie viele Millimeter die von ihm gezeichnete Länge kürzer
oder länger ist als ein Dezimeter.

Der Lehrer wird alsdann alle Dezimeter ablöschen
und sie ein zweites Mal ziehen lassen. Alsbann wird er
die Resultate dieses zweiten Versuches prüfen.

Dieselbe Operation wird hierauf auch mit dem Zenti=
meter vorgenommen, und dasselbe nach dem Augenmaß in
zehn gleiche Theile, Millimeter, getheilt.

Endlich wird der Lehrer von den einzelnen Schülern
an der Tafel die Länge eines Meters mit Kreide zeichnen
lassen, die gezogenen Linien mittelst des Maßstabes ab=
messen und jeden einzelnen auf die Größe des von ihm
begangenen Fehlers aufmerksam machen.

Um die Vielfachen des Meters ebenfalls dem Gedächt=
nisse der Schüler einzuprägen, wird er wenn möglich auf
dem Felde bestimmte Längen nach Dekametern und Metern
abschätzen lassen, und stets dafür Sorge tragen, diese
Schätzungen durch Messungen mit der Meßkette zu prüfen
und zu bestätigen.

Diese Methode dürfte jedenfalls geeignet sein, die
Schüler mit den einzelnen Maßen vertraut zu machen, und
besonders auch, um das Augenmaß derselben zu schärfen.

IV. Lehrstunde.
Uebungen über das Ablesen und Anschreiben der metrischen Maße.

Nach kurzer Wiederholung der früher gestellten Fragen legt der Lehrer seinen Schülern der Reihe nach den Meter-Maßstab vor und verlangt, daß auf demselben gezeigt werde:

Eine Länge von drei Dezimetern.

Eine Länge von sieben Dezimetern.

Eine Länge von fünf Dezimetern.

Eine Länge von neun Dezimetern.

Eine Länge von fünf Zentimetern.

Eine Länge von neun Zentimetern.

Eine Länge von drei Zentimetern.

Eine Länge von drei Dezimetern fünf Zentimetern.

Eine Länge von fünf Dezimetern sieben Zentimetern.

Eine Länge von zwei Dezimetern drei Zentimetern.

Eine Länge von 72 Zentimetern.

Eine Länge von 57 Zentimetern.

Eine Länge von 93 Zentimetern.

Ferner wird sich der Lehrer auf dem doppelten Dezimeter-Maßstab folgende Größen zeigen lassen:

Eine Länge von 7 Millimetern.

Eine Länge von 5 Millimetern.

Eine Länge von 7 Zentimetern und 8 Millimetern.

Eine Länge von 3 Zentimetern und 9 Millimetern.

Eine Länge von 23 Millimetern.

Eine Länge von 78 Millimetern.

Eine Länge von 12 Zentimetern und 7 Millimetern.

Eine Länge von 127 Millimetern.

Hierauf wird der Lehrer sowohl auf dem Meter- als auch auf dem doppelten Dezimeter-Maßstab die oben angeschriebenen Längen bezeichnen und von den Schülern in Dezimetern, Zentimetern und Millimetern ablesen lassen, also die umgekehrte Operation vornehmen.

Was das Anschreiben der metrischen Maße betrifft, so tritt dabei der Vortheil der dezimalen Eintheilung so recht vor Augen; nothwendig ist dazu die Kenntniß der Dezimalbrüche, die bei ihrer Einfachheit aber leicht in den obern

Klassen der Volksschule gelehrt werden können. Beachtet man die am Ende der zweiten Lektion angegebene Tabelle, so sieht man, daß

> die Meter in die Einerstelle,
> die Dekameter in die Zehnerstelle,
> die Hektometer in die Hunderterstelle,
> die Kilometer in die Tausenderstelle

zu stehen kommen.

Ebenso schreibt man:

die Dezimeter in die I. Stelle nach dem Dezimalzeichen oder in die Stelle der Zehntel; 1 Dezimeter = 0,1 Meter;

die Zentimeter in die II. Stelle nach dem Dezimalzeichen oder in die Stelle der Hundertel; 1 Zentimeter = 0,01 Meter;

die Millimeter in die III. Stelle nach dem Dezimalzeichen oder in die Stelle der Tausendel; 1 Millimeter = 0,001 Meter.

Der Lehrer wird nun nach dieser Regel die oben angegebenen Längenmaße anschreiben und ablesen lassen und umgekehrt dieselben diktiren und anschreiben lassen.

Das Ablesen der Längenmaße kann in verschiedener Weise geschehen; z. B. 6844^m,345 kann man lesen:

a) 6 Kilometer 84 Dekameter 4 Meter 3 Dezimeter 4 Zentimeter 5 Millimeter.

b) 684 Dekameter 4 Meter 34 Zentimeter 5 Millimeter.

c) 6 Kilometer 844 Meter 3 Dezimeter 45 Millimeter.

d) 6844 Meter 345 Millimeter.

Die letztere Art der Ablesung wird jedenfalls die einfachste sein.

Ferner sollen hier noch zur Erlangung einer gewissen Fertigkeit in der Anwendung des metrischen Systemes folgende einfache Aufgaben gelöst werden:

> 1) 33 Meter = ? Dezimeter,
> = ? Dekameter.

Antwort: 1 Meter = 10 Dezimeter,
33 Meter = 330 Dezimeter,

$$1 \text{ Meter} = 0,1 \text{ Dekameter,}$$
$$33 \text{ Meter} = 3,3 \text{ Dekameter.}$$

2) 7 Dekam. = ? Millimeter,
         = ? Kilometer.

Antwort: 1 Dekam. = 10000 Millimeter,
          7 Dekam. = 70000 Millimeter,
          1 Dekam. = 0,01 Kilometer,
          7 Dekam. = 0,07 Kilometer.

3) 4 Kilom. = ? Zentimeter,
          = ? Dekameter.

Antwort: 1 Kilom. = 100000 Zentimeter,
          4 Kilom. = 400000 Zentimeter,
          1 Kilom. =   100 Dekameter,
          4 Kilom. =   400 Dekameter.

4) 6 Kilometer = ? Meter,
            = ? Zentimeter.

Antwort: 1 Kilometer =   1000 Meter,
          6 Kilometer =   6000 Meter,
          1 Kilometer = 100000 Zentimeter,
          6 Kilometer = 600000 Zentimeter.

5) 3 Dezimeter = ? Meter,
            = ? Kilometer.

Antwort: 1 Dezimeter = 0,1 Meter,
          3 Dezimeter = 0,3 Meter,
          1 Dezimeter = 0,0001 Kilometer,
          3 Dezimeter = 0,0003 Kilometer.

6) 33 Zentimeter = ? Dekameter,
            = ? Millimeter.

Antwort: 1 Zentimeter = 0,001 Dekameter,
         33 Zentimeter = 0,033 Dekameter,
          1 Zentimeter =   10 Millimeter,
         33 Zentimeter = 330 Millimeter.

7) 2 Millimeter = ? Meter,
            = ? Dekameter.

Antwort: 1 Millimeter = 0,001 Meter,
          2 Millimeter = 0,002 Meter,
          1 Millimeter = 0,0001 Dekameter,
          2 Millimeter = 0,0002 Dekameter.

8) Wie viele Zentimeter ſind:

3 Kilometer + 4 Meter + 3 Dezimeter?

Antwort: 3 Kilometer = 300000 Zentimeter,

4 Meter = 400 „

3 Dezimeter = 30 „

3 Kilom. + 4 Meter + 3 Dezim. = 300430 Zentimeter.

9) Wie viele Millimeter ſind:

5 Kilom. + 3 Dekam. + 2 Meter + 3 Dezim. + 9 Zentim.?

Antwort: 5 Kilometer = 5000000 Millimeter,

3 Dekameter = 30000 Millimeter,

2 Meter = 2000 Millimeter,

3 Dezimeter = 300 Millimeter,

9 Zentimeter = 90 Millimeter,

Summa = 5032390 Millimeter.

Endlich mögen hier noch die geſetzlich eingeführten Abkürzungen für die Längenmaße Platz finden.

Das Meter wird mit m bezeichnet; bei den Theilen desſelben wird dem m der kleine Anfangsbuchſtabe der Theile, bei den Vielfachen der große Anfangsbuchſtabe derſelben vorgeſetzt. Die Abkürzungen ſind alſo:

Km = Kilometer,

Hm = Hektometer,

Dm = Dekameter,

m = Meter,

dm = Dezimeter,

cm = Centimeter,

mm = Millimeter.

V. Lehrſtunde.

Wirkliche Längenmeſſungen.

Der Lehrer beginnt damit, daß er die Methode der Meſſung einer Linie zeigt, indem er das Meter nacheinander an die Linie anlegt und dabei immer durch einen Strich den Punkt bezeichnet, wo ein Meter aufhört und das nächſte beginnt. Dieſe Zeichen kann er mit Kreide, oder mit einem Bleiſtift oder mit der Spitze eines ſchneidenden Inſtrumentes

5 *

machen, je nach der Genauigkeit, welche durch die Messung erreicht werden soll. In dieser Weise werden natürlich nur gerade Linien gemessen, und zu diesem Ende wird man die beiden Punkte, deren Entfernung gemessen werden soll, durch eine gerade Linie z. B. durch eine Schnur, die durch dieselben geht, verbinden. Der Lehrer wird nun selbst eine bestimmte Länge abmessen und dieselbe in Metern, Dezimetern, Zentimetern und Millimetern ausdrücken.

Hierauf wird er die einzelnen Schüler der Reihe nach folgende Maße aufsuchen lassen:

die Länge des Lehrzimmers;

die Breite und Höhe desselben;

eine Diagonale des Zimmers;

die Länge und Breite der Schultafel.

Alle diese Längen sind auszudrücken in Metern, Dezimetern und Zentimetern. Die Millimeter werden in Rechnung gezogen, wenn man mit dem Doppel=Dezimeter Gegenstände von kleineren Dimensionen mißt, wie z. B.:

die Dimensionen einer Schiefertafel;

die Länge eines Lineals;

die Dimensionen eines Buches, einer Fensterscheibe u. s. w.

Wenn der zu messende Gegenstand nicht genau begränzt ist, oder von unregelmäßiger Gestalt, oder durch krumme Oberflächen begränzt, die die Anlegung des Maßstabes nicht gestatten, so wird man die Dimensionen mit Hülfe eines Zirkels mit mehr oder weniger krummen Schenkeln abgreifen, und alsdann die Spitzen dieses Zirkels an den Maßstab anlegen.

In Ermanglung eines Zirkels legt man den Gegenstand auf eine ebene Fläche und bringt zwei senkrecht zur Ebene stehende Winkelmaße mit ihren Schenkeln in Berührung mit dem Gegenstand an den zwei Punkten, deren Entfernung gemessen werden soll. Man entfernt alsdann den Gegenstand, ohne die Winkelmaße zu verrücken, und die Entfernung derselben kann alsdann auf der Ebene mit Leichtigkeit abgemessen werden.

Die Höhe von Bäumen, Häusern und andern hohen

Gegenständen, deren Spitze erreichbar ist, wird man mit Hilfe eines Senkels bestimmen, das man vom obersten Punkt bis zum Erdboden herabgehen läßt und dessen Länge man dann mißt.

VI. Lehrstunde.

Ueber Flächenmaße.

Eine Fläche hat zwei Ausdehnungen oder Dimensionen, nämlich Länge und Breite. Soll dieselbe gemessen werden, so muß das Maß oder die Einheit wieder eine Fläche sein. Nachdem nun zur Messung der Längen das Meter als Einheit genommen wurde, so ergibt sich von selbst, daß man als Einheit für Flächenbestimmungen die Fläche eines Quadrates nimmt, dessen Seite gleich der Längeneinheit = 1 Meter ist; diese Fläche heißt alsdann das Quadratmeter.

Die Einheit für die Flächenmaße heißt das Quadratmeter, und man versteht darunter die Fläche eines Quadrats, dessen Seite 1 Meter lang, oder welches 1 Meter lang und 1 Meter breit ist. Da 1 Meter = 3,426 bayr. Fuß ist, so beträgt 1 Quadratmeter 3,426 × 3,426 = 3,426² = 11,7396 □' = 11 □' 73 □" 96 □''' Dezimalmaß; angenähert 11¾ □,

AB stelle die Länge eines Meters vor, dann ist die Fläche AB CD ein Quadratmeter. Das Meter theilt man in zehn gleiche Theile, Dezimeter genannt; trägt man nun diese zehn gleichen Theile sowohl auf AB als auf AD auf, und zieht durch die Theilpunkte Parallele zu den Seiten, so wird

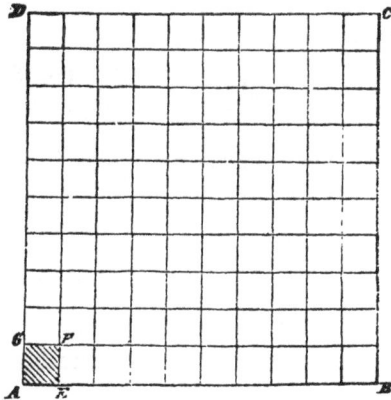

Fig. 2.

das Quadratmeter in 100 gleiche Quadrate getheilt, von
denen jedes 1 Dezimeter lang und breit ist, und die deß=
halb Quadratdezimeter heißen.

Das Quadratmeter hat also 100 Quadratdezimeter
Ebenso hat das Quadratdezimeter 100 Quadratzentimeter
und das Quadratzentimeter 100 Quadratmillimeter. Ein
Quadrat, dessen Seiten 10 Meter oder 1 Dekameter lang
sind, heißt man das Quadratdekameter; dasselbe enthält
100 Quadratmeter und wird mit dem Namen Ar be=
zeichnet.

Ein Quadrat, welches 10 Dekameter oder 100 Meter
lang und ebenso breit ist, und also 10000 Quadratmeter
enthält, heißt Hektar.

Gebraucht man größere Flächenmaße z. B. zur Be=
stimmung des Flächeninhaltes eines Landes, einer Provinz
u. s. w., so lassen sich diese aus den größeren Längenmaßen
leicht bilden. Ein Quadratkilometer ist ein Quadrat, welches
1 Kilometer lang und breit ist, eine Quadratmeile ist die
Fläche eines Quadrates von 1 Meile (7500 Meter) Seite.

Man sieht aus dem Vorhergehenden, daß wie die Ein=
theilung der Längenmaße eine dezimale, die Eintheilung
der Flächenmaße eine centesimale sei, so daß also, wenn bei
einer Flächenberechnung das Quadratmeter als Einheit zu
Grunde gelegt wird,

    die Quadratmeter in der Einer= und Zehnerstelle,

    die Are in der Hunderter= und Tausenderstelle,

    die Hektare in der Zehntausender= und Hunderttausender=
        stelle,

    die Quadratdezimeter in der 1. und 2. Stelle nach dem
        Dezimalzeichen (1 Quadratdezimeter = 0,01 Qua=
        dratmeter),

    die Quadratzentimeter in der 3. und 4. Stelle nach dem
        Dezimalzeichen (1 Quadratzentimeter = 0,0001 Qua=
        dratmeter),

    die Quadratmillimeter in der 5. und 6. Stelle nach dem
        Dezimalzeichen (1 Quadratmillimeter = 0,000001
        Quadratmeter)

stehen.

Die Uebersichtstabelle der Flächenmaße wird sich also in folgender Weise gestalten:

Hektar	Ar	Quadratmeter	Quadratbezimeter	Quadratzentimeter	Quadratmillimeter
1	= 100	= 10 000	= 1 000 000	= 100 000 000	= 10 000 000 000
	1	= 100	= 10 000	= 1 000 000	= 100 000 000
		1	= 100	= 10 000	= 1 000 000
			1	= 100	= 10 000
				1	= 100

3. B.: Eine Fläche von 834502,081644 Quadratmeter heißt: 83 Hektare, 45 Are, 2 Quadratmeter, 8 Quadratbezimeter, 16 Quadratzentimeter, 44 Quadratmillimeter; ober 81524,130609 Quadratmeter heißt:

8 Hektare, 15 Are, 24 Quadratmeter, 13 Quadratbezimeter,

6 Quadratzentimeter, 9 Quadratmillimeter.

Die Abkürzungen für die Flächenmaße sind folgende:

$\square^{Km}$ = Quadratkilometer,

$\square^{Hm}$ = Quadrathektometer oder Hektar,

$\square^{Dm}$ = Quadratbekameter oder Ar.

$\square^{m}$ = Quadratmeter,

$\square^{dm}$ = Quadratbezimeter,

$\square^{cm}$ = Quadratzentimeter,

$\square^{mm}$ = Quadratmillimeter.

Zur Einübung der metrischen Flächenmaße mögen folgende Aufgaben bienen:

1) Wie viele $\square^{m}$ sind 43 Hektar?

Antwort: 1 Hektar = 10000 $\square^{m}$

43 Hektar = 430000 $\square^{m}$

2) Wie viele Ar sind 77 Hektar?

Antwort: 1 Hektar = 100 Ar,

77 Hektar = 7700 Ar.

3) Wie viele $\square^{cm}$ sind 65 $\square^{m}$?

Antwort: 1 $\square^{m}$ = 10000 $\square^{cm}$,

65 $\square^{m}$ = 650000 $\square^{cm}$.

4) Man soll 13 $\square^{mm}$ in $\square^{m}$ ausbrücken.

Antwort: 1 $\square^{mm}$ = 0,000001 $\square^{m}$,

13 $\square^{mm}$ = 0,000013 $\square^{m}$.

5) Wie viele □^{m} sind 9 Ar + 3 □^{dm} + 19 □^{cm}?

Antwort: 9 Ar = 900   □^{m},

3 □^{dm} =   0,03   „

19 □^{cm} =   0,0019 „

_____

9 Ar + 3 □^{dm} + 19 □^{cm} = 900,0319 □^{m}.

6) Wie viele □^{cm} sind 2 □^{m} + 45 □^{dm}?

Antwort: 2 □^{m} = 20000 □^{cm},

45 □^{dm} =   4500   „

_____

2 □^{m} + 45 □^{dm} = 24500 □^{cm}.

Anmerkung. In Betreff der Feldmaße bestimmte das frühere Gesetz für Bayern in seinem Artikel 5: „Die bestehenden Feldmaße bleiben bis auf Weiteres in Geltung." Die Einheit der Feldmaße war bisher in Bayern das Tagwerk zu 40000 Quadratfuß, das in 100 Dezimalen abgetheilt wurde. Durch das Reichsgesetz vom 26. November 1871 ist nun aber die Bestimmung getroffen, daß die bisher in Bayern bestehenden Feldmaße nur noch bis zum 1. Januar 1878 in Geltung bleiben.

Von diesem Zeitpunkte an kommen die metrischen Feldmaße zur Einführung und es müssen dieselben deßhalb bereits jetzt Gegenstand des Unterrichtes sein.

Die Einheit derselben ist das Hektar, der hundertste Theil desselben heißt Ar.

1 Hektar = 2 Tagwerk 93,5 Dezimalen (Näheres hierüber in den angehängten Tabellen).

VII. Lehrstunde.
Ueber Flächenberechnungen.

Die Geometrie lehrt die Methoden kennen, den Inhalt ebener und krummer Flächen zu bestimmen; es ist hier nicht der Ort auf diese Berechnungen einzugehen, es muß dieß den Lehrbüchern und Aufgabensammlungen der Arithmetik und der rechnenden Geometrie überlassen bleiben; es soll nur an einigen ganz einfachen Beispielen die Anwendung dieser Flächenmaße gezeigt werden.

Der Lehrer wird z. B. an der Tafel die Oberfläche derselben berechnen. Vorausgesetzt, es sei dieselbe 1 Meter 3 Dezimeter 2 Zentimeter lang und 8 Dezimeter 5 Zentimeter hoch, so erhält man den Inhalt, wenn man die beiden Zahlen, welche Länge und Höhe ausdrücken, auf gleiche Einheit gebracht, mit einander multiplicirt; man erhält dann:

Linear-Zentimeter.

1 Cub.-Zenti-meter

Zu Seite 73.

1 Cubik-Dezimeter
= 1 Liter
= 1000 Cubik-Zentimeter
= $\frac{1}{1000}$ eines Cubik-Meters
faßt bei 4° Celsius Temperatur
1 Kilo. = 1000 Gramm Wasser.

Inhalt = 1,32 × 0,85 = 1,1220 Quadratmeter.

Die Oberfläche der Tafel ist also ein Quadratmeter, 12 Quadratdezimeter, 20 Quadratzentimeter.

Der Lehrer wird hierauf von den Schülern in derselben Weise die Fläche des Fußbodens, sowie der Wände des Lehrzimmers bestimmen lassen.

Die Länge eines rechteckigen Gartens beträgt 326 ^{m}, die Breite 88 ^{m}; man soll den Inhalt desselben finden:

Inhalt = Länge × Breite
= 326 × 88
= 28688 $\square^m$
= 2 Hektar 86 Ar 88 $\square^m$.

Er wird diese Lehrstunde mit folgenden Fragen schließen: Welches ist die Einheit der Flächenmaße?

Wie viele Quadratmeter enthält das Ar?

Wie viele das Hektar?

Wie viele Quadratdezimeter sind im Quadratmeter enthalten?

Wie viele Quadratzentimeter enthält das Quadratdezimeter?

Wie viele Quadratmillimeter enthält das Quadratdezimeter?

Die Flächenmaße sind sämmtlich nominelle Maße; der Inhalt der Flächen wird wie erwähnt durch Rechnung gefunden.

VIII. Lehrstunde.
Von den Körpermaßen.

Den Inhalt der Körper, d. h. derjenigen Raumgrößen, die drei Dimensionen: Länge, Breite und Höhe haben, mißt man mit den Körpermaßen.

Die Grundlage derselben bildet das Kubikmeter, d. i. der Inhalt eines Würfels, dessen Kante = 1 Meter ist, oder der 1 Meter lang, 1 Meter breit und 1 Meter hoch ist.

Aus einem Grunde, der im Folgenden seine Erklärung findet, wird als Einheit für die Körpermaße der tausendste Theil des Kubikmeters, das Kubikdezimeter, (siehe nebenstehende Figur) angenommen, welches als Hohlmaß ver-

wendet Liter heißt. Das Liter ist also gleich einem
Kubikdezimeter, d. h. gleich einem Würfel,
welcher 1 dm lang, breit und hoch ist.

Der Lehrer wird hier erklären, warum die Körpermaße um das Tausendfache zunehmen, wenn die Längenmaße sich verzehnfachen. Durch eine Zeichnung an der
Tafel wird er nachweisen, daß das Kubikmeter in seiner
Basis 100 Quadratdezimeter enthalte, und daß auf jedem
solchen Quadrate eine Schichte von 10 Kubikdezimetern
stehe, so daß man im Ganzen 10 × 100 d. h. 1000
Kubikdezimeter erhält.

Nimmt man demnach das Kubikmeter als Einheit,
so sind die Kubikdezimeter die Tausendstel (sie werden also
in den ersten drei Stellen nach dem Dezimalzeichen stehen),
die Kubikzentimeter aber die Millionstel (sie stehen in den
nächsten drei Stellen), die Kubikmillimeter stehen in der 7.,
8. und 9. Stelle nach dem Dezimalzeichen. Nimmt man
dagegen das Kubikdezimeter als Einheit, wie es in unserem
Maßsystem wirklich der Fall ist, so bilden die Kubikmeter
die Tausendfachen, die Kubikzentimeter die Tausendstel, die
Kubikmillimeter stehen in der 4., 5. und 6. Stelle nach
dem Comma. Die Tabelle für die Körpermaße ist
folgende:

Kubikmeter	Kubikdezimeter	Kubikzentimeter	Kubikmillimeter
1 =	1000 =	1000000 =	1000000000
	1 =	1000 =	1000000
		1 =	1000

Sollen noch größere Körpermaße gebildet werden, so
kann dies leicht aus den Vielfachen des Meters geschehen,
z. B. 1 Kubikkilometer ist der Inhalt eines Würfels, welcher
1 Kilometer lang, breit und hoch ist. In ähnlicher Weise
lassen sich die Bedeutungen von Kubikdekameter, Kubikmeile
u. s. w. erklären. Kubikkilometer und Kubikmeile dienen
bloß zur Bestimmung des Inhaltes außerordentlich großer
Körper, z. B. der Planeten u. s. w.

Die Abkürzungen für Körpermaße werden ebenso gebildet wie bei den früheren Maßen:

c^{Km} (oder Kb^{Km})* = Kubikkilometer,
c^{Hm} („ Kb^{Hm}) = Kubikhektometer,
c^{Dm} („ Kb^{Dm}) = Kubikdekameter,
c^{m} („ Kb^{m}) = Kubikmeter,
c^{dm} („ Kb^{dm}) = Kubikdezimeter,
c^{cm} („ Kb^{cm}) = Kubikzentimeter,
c^{mm} („ Kb^{mm}) = Kubikmillimeter.

Zur Einübung der Körpermaße mögen nachstehende Beispiele dienen:

1) Wie viele c^{dm} (Liter) sind 36 c^{m}?
Antwort: 1 c^{m} = 1000 c^{dm},
36 c^{m} = 36000 c^{dm}.

2) Wie viele c^{m} sind 19 c^{dm}?
Antwort: 1 c^{dm} = 0,001 c^{m},
19 c^{dm} = 0,019 c^{m}.

3) Wie viele c^{m} sind 936 c^{cm}?
Antwort: 1 c^{cm} = 0,000001 c^{m},
936 c^{cm} = 0,000936 c^{m}.

4) Wie viele c^{m} sind 66 c^{Dm}?
Antwort: 1 c^{Dm} = 1000 c^{m},
66 c^{Dm} = 66000 c^{m}.

5) Wie viele c^{dm} sind 3 c^{m} + 15 c^{cm} + 436 c^{mm}?
Antwort: 3 c^{m} = 3000 c^{dm},
15 c^{cm} = 0,015 c^{dm},
436 c^{mm} = 0,000436 c^{dm},

$3 c^{m} + 15 c^{cm} + 436 c^{mm}$ = 3000,015436 c^{dm}.

6) Wie viele c^{m} sind 438 c^{Dm} + 438 c^{dm}?
Antwort: 438 c^{Dm} = 438000 c^{m},
438 c^{dm} = 0,438 c^{m},

$438 c^{Dm} + 438 c^{dm}$ = 438000,438 c^{m}.

Da ein Meter = 3,426 bayer. Fuß ist, so ist das Kubikmeter = 3,426³
= 3,426 × 3,426 × 3,426
= 40,223 c'
= 40$^{c'}$ 223$^{c'''}$ (Dezimalmaß).

Man sieht daraus, daß man das Kubikmeter nur dann als Einheit annehmen wird, wenn es sich um die

---

* Vorschlag des Verbandes deutscher Architekten- und Ingenieur-Vereine.

Bestimmung großer Voluminen handelt; z. B. um den Inhalt von Erdmassen, Wasserbehältern, Steinhaufen ꝛc. Den Inhalt kleinerer Gefäße, den Inhalt von Werkholz, Maschinentheilen u. s. w. drückt man in Kubikdezimetern aus, noch kleinere Körper durch Kubikzentimeter.

Bei der Bestimmung des Inhaltes im Allgemeinen mißt man aber nicht durch die wirklichen Körpermaße, Kubikmeter, Kubikdezimeter oder Kubikzentimeter, sondern man rechnet das Volumen nach Regeln der Geometrie aus den Dimensionen Länge, Breite und Höhe.

Ist z. B. der Kubikinhalt eines Zimmers zu berechnen, das 8 Meter lang, 5 Meter breit und 3 Meter hoch ist, so findet man den Kubikinhalt durch Multiplication dieser drei Dimensionen $= 8 \times 5 \times 3 = 120$ Kubikmeter.

Ist ferner die Länge eines Wasserbehälters 9^{dm}, die Breite $6^{dm} \; 4^{zm}$ und die Tiefe 4^{dm}, so ist der Inhalt $9 \times 6,4 \times 5 = 288$ Kubikdezimeter. Der Behälter faßt also 288 Liter, da das Liter $=$ einem Kubikdezimeter ist.

Wenn das zu berechnende Volumen nicht wie hier die Form eines senkrechten Parallelepipeds hat, so wird dasselbe wie bereits erwähnt nach Regeln, welche die körperliche Geometrie entwickelt, aus den Dimensionen bestimmt; es ist hier nicht der Ort, darauf näher einzugehen; an einer späteren Stelle soll jedoch gezeigt werden, wie man das Volumen ganz unregelmäßiger Körper bestimmen kann.

Sind die Dimensionen eines Parallelepipeds durch Meter und seine Theile ausgedrückt, ist z. B.

die Länge 34 Meter 4 Dezimeter $= 34,4^{\,m}$,
die Breite 5 Meter 7 Zentimeter $= 5,07^{\,m}$,
die Höhe 0 Meter 6 Dezimeter 5 Zentimeter $= 0,65^{\,m}$,

so wird man entweder das Produkt $34,4 \times 5,07 \times 0,65$ bilden und 113,3652 Kubikmeter erhalten, oder man führt alles auf das kleinste Maß zurück und nimmt also für

die Länge 3440 Zentimeter,
die Breite 507 Zentimeter,
die Höhe 65 Zentimeter;

bildet man nun das Produkt dieser drei Dimensionen, so erhält man 113 365 200 Kubikzentimeter oder 113 Kubikmeter, 365 Kubikdezimeter, 200 Kubikzentimeter.

Weil das Liter ein Kubikdezimeter ist, so wird das $^1/_{1000}$ Liter (Milliliter) ein Kubikzentimeter und 1000 Liter (Kiloliter) ein Kubikmeter sein.

Der Lehrer wird durch die Schüler noch folgende Voluminen berechnen lassen:

1) Länge 50 Meter, Breite 17 Meter, Höhe 12 Meter.
2) Länge 2 Meter, Breite 1 Meter, Höhe 1 Meter.
3) Länge 3 Dezimeter, Breite 2 Dezimeter, Höhe 7 Dezimeter.
4) Länge 9 Zentimeter, Breite 5 Zentimeter, Höhe 1 Zentimeter.
5) Länge 3 Meter 7 Dezimeter, Breite 8 Dezimeter, Höhe 3 Meter 1 Dezimeter.
6) Länge 2 Meter 8 Dezimeter, Breite 1 Meter 1 Dezimeter, Höhe 45 Zentimeter.
7) Länge 15 Meter, Breite 15 Dezimeter Höhe 15 Zentimeter
8) Länge 12 Zentimeter, Breite 7 Millimeter, Höhe 5 Millimeter.
9) Länge 45 Millimeter, Breite 1 Zentimeter, Höhe 1 Millimeter.
10) Länge 13 Millimeter, Breite 7,2 Millimeter, Höhe 0,5 Millimeter.

IX. Lehrstunde.

Das Holzmaß.

Die Maß- und Rechnungseinheit für die Hohlmaße bildet das Kubikmeter, der Würfel des Meters, welcher überhaupt die Grundlage aller Körpermaße ist. Ein solcher Würfel solider Holzmasse, wie er für Holz in Stämmen zur Berechnung kommt, wird Kubikmeter, dagegen der mit losen Holzstücken ausgefüllte Raum Ster genannt.

Der Inhalt der Bau- und Nutzholzstämme wird durch Rechnung aus den Dimensionen, Länge, Breite und Dicke derselben, gefunden; hier ist die Einheit das Kubikmeter; der Inhalt des Brennholzes dagegen wird durch Meßrahmen gemessen, oder wird in Raummaßen aufgestellt und hier heißt also dann das Kubikmeter auch Ster.

Hat man z. B. einen rechteckig zugehauenen Balken von 12 m Länge, 4 dm Breite und 3 dm Dicke oder Höhe, so ist sein Inhalt = 12 . 0,4 . 0,3 = 1,44 Kubikmeter.

Für das Brennholz gilt die Bestimmung, daß dasselbe genau auf 1 Meter abzulängen ist. Die eine Dimension, die Länge der Scheiter, ist also immer 1 m. Die Messung desselben geschieht in Meßrahmen, die für diesen Zweck zur Eichung und Stempelung zugelassen werden.

Die Meßrahmen bestehen aus rechtwinkelig mit einander zu verbindenden hölzernen oder eisernen Stäben oder aus rechtwinkelig mit einander verbundenen Brettern.

Die Länge einer jeden Seite zwischen den Endflächen gemessen muß eine ganze Zahl Meter betragen. Im Uebrigen können sie in beliebigen Größen ausgeführt, mithin zur Darstellung von Flächen einer beliebigen ganzen Zahl Quadratmeter benutzt werden. (Eichordnung §. 33.)

Hat nun der Rahmen eine Breite von 1 m und eine Höhe ebenfalls von 1 m, und man schichtet denselben mit Holz von der vorgeschriebenen Länge (1 m) voll, so hat man ein Kubikmeter oder ein Ster Holz.

Ist der Rahmen 2 m breit und 1 m hoch, so wird das Volumen des ihn erfüllenden Holzes von der vorigen Länge 2 Ster betragen; ebenso mißt man 3 Ster Holz in einem Rahmen von 1 m Höhe und 3 m Breite, 4 Stere Holz in einem Rahmen von 2 m Breite und 2 m Höhe. Man sieht hieraus, daß man bei der vorgeschriebenen Länge des Holzes immer das Volumen in Steren erhält, wenn man die Zahlen, welche Breite und Höhe in Metern ausdrücken mit einander multiplizirt.

Wollte man z. B. 8 Stere Holz aufschichten in einem Meßrahmen von 2 m Höhe, so müßte die Breite desselben $= \frac{8}{2} = 4$ m sein.

Wenn der Meßrahmen 2 m hoch und breit ist und

die Höhe in Dezimeter getheilt ist, so wird das zwischen zwei Dezimetern befindliche Holz $1/_{20}$ der Holzmenge sein, welche das ganze Maß ausfüllt; die erste Holzmenge wird also so viele Groschen kosten, als die ganze Holzmenge Gulden kostet, so daß also Maßdifferenzen sich im Preise leicht ausgleichen lassen.

Es leuchtet ein, daß ein Kubikmeter Nutzholz in der That ein größeres Volumen besitze, als ein Ster Brennholz; denn zwischen den einzelnen Scheitern des letztern bleiben leere Zwischenräume, und diese würden für das Kubikmeter bei cylindrischer Form der Scheiter $1/_{10}$ Kubikmeter betragen. Manchmal sind die Scheiter eben und gerade und lassen dann weniger verlornen Raum zwischen sich; derselbe wird aber wachsen und $1/_{10}$ Kubikmeter übersteigen bei runden und krummen Scheitern.

Die Messung des Brennholzes schließt also jedenfalls viele Willkür in sich; der Käufer wird stets eine solche Schichtung der Scheiter verlangen, daß möglichst wenig leere Räume bleiben, was natürlich umgekehrt nicht im Interesse des Verkäufers liegt. Man ist deßhalb gezwungen, verpflichtete Holzmesser aufzustellen.

Zum Schlusse wird der Lehrer seinen Schülern noch folgende Aufgaben vorlegen:

1) Das Volumen eines Balkens zu finden, der 4 Meter lang, 4 Dezimeter breit und 1 Dezimeter dick ist.

2) Das Volumen eines 5 Meter 6 Dezimeter langen, 2 Dezimeter 5 Zentimeter breiten und 1 Dezimeter dicken Balkens zu bestimmen.

3) Man soll das Volumen eines Balkens von 3 Meter 2 Dezimeter Länge, 1 Dezimeter 3 Zentimeter Breite und 8 Zentimeter 5 Millimeter Höhe finden.

4) Den Inhalt von 12 Brettern zu finden, von denen jedes 2 Meter 3 Dezimeter lang, 26 Zentimeter breit und $8^{1}/_{2}$ Millimeter dick ist.

5) ein rechtwinkliger Haufen von Brennholz von vor= geschriebener Länge ist 2 ^{m} hoch und 28 ^{m} lang; wie viel Ster enthält dieser Haufen?

Anmerkung. Von den angeführten Holzmaßen schließt sich der Inhalt von 3 Steren am nächsten der bisherigen bayerischen Klafter an; dieselbe war 6 Fuß hoch und breit und die Scheitlänge betrug $3^1/_2$ Fuß; sie hatte also einen Inhalt von 126 c'. 1 bayer. Klafter ist = 3,132 Stere; 3 Stere sind also um $^1/_{24}$ kleiner als die bayerische Klafter.

X. Lehrstunde.
Von den Hohlmaßen.

Die Einheit der Hohlmaße bildet das Kubikdezimeter, das hier immer Liter genannt wird.

Liter und Kubikdezimeter sind gleiche Maßgrößen.

Das Liter ist also in seiner ursprünglichen Form der Inhalt eines Würfels, welcher 1 ^{dm} lang, breit und hoch ist.

Der Lehrer wird hier ein Kubikdezimeter vorzeigen und seine Schüler aufmerksam machen, daß die drei Dimensionen desselben in der That gleich einem Dezimeter sind, daß aber nicht die äußern, sondern die innern Maße des Würfels zu nehmen sind.

In der Form von Würfeln wären aber das Liter, seine Theile und seine Vielfachen in der Anwendung unbequem; man zieht es deßhalb vor, den Körpermaßen andere Formen zu geben und zwar, wie wir sehen werden, im Allgemeinen die Form von Cylindern.

Das Liter, der Ausgangspunkt für alle Hohlmaße, wird dezimal abgetheilt in $^1/_{10}$ Liter (Deziliter), $^1/_{100}$ Liter (Zentiliter), $^1/_{1000}$ Liter (Milliliter). Diese Unterabtheilungen werden aber im Verkehr fast nie vorkommen; für die Bequemlichkeit im Geschäftsleben ist nämlich noch außer der obigen Theilung die fortgesetzte Halbirung des Liters gestattet und diese Theile $^1/_2$, $^1/_4$, $^1/_8$ 2c. Liter werden wahrscheinlich die dezimalen Unterabtheilungen dieses Maßes verdrängen. Die Vielfachen des Liters sind ebenfalls nach dem dezimalen System gebildet:

10 Liter heißen ein Dekaliter,
100 Liter ein Hektoliter,
1000 Liter ein Kiloliter.

Die Abkürzungen der Hohlmaße sind, entsprechend den früheren, folgende:

KL = Kiloliter,
HL = Hektoliter,
DL = Dekaliter,
L = Liter,
dL = Deziliter,
cL = Zentiliter,
mL = Milliliter.

Auf den innigen Zusammenhang zwischen den Körpermaßen im Allgemeinen und den Hohlmaßen wurde schon früher hingewiesen und es sei hier nochmals erwähnt, daß die Beziehungen stattfinden:

1000 Liter (1 Kiloliter) = 1 Kubikmeter,
1 Liter = 1 Kubikdezimeter,
$^1/_{1000}$ Liter (1 Milliliter) = 1 Kubikzentimeter.

Ein Liter ist = 0,935 bayerische Maß; 15 Liter sind nahezu 14 bayerische Maß. (Weiteres über die Beziehungen der neuen und alten Maße zu einander findet sich in den angehängten Tabellen).

Die Flüssigkeitsmaße, welche Vielfache des Liters sind sowie die nach der Halbirungstheilung abgestuften Theile desselben erhalten die Form von Cylindern; die nach der Dezimaltheilung abgestuften kleineren Maße, um Verwechslungen mit den vorigen zu vermeiden, die Form abgestumpfter Kegel. Die Flüssigkeitsmaße müssen aus Zinn, Weißblech, Messing oder Kupfer hergestellt, in den beiden letzten Fällen aber mit reinem Zinn vollständig und gut verzinnt sein.

Die Hohlmaße für trockene Gegenstände, welche in Holz oder Metall ausgeführt werden können, erhalten die Form eines Cylinders, dessen Durchmesser zur Höhe sich wie 3 : 2 verhält.

Die Flüssigkeitsmaße, welche zur Eichung und Stempelung zugelassen werden, sind folgende (Eichordnung §. 5):

20 Liter,	$^1/_8$ . . . Liter
10 Liter,	0,1 Liter,
5 Liter,	$^1/_{16}$ . . . Liter
2 Liter,	0,05 Liter,
1 Liter,	$^1/_{32}$ . . . Liter
$^1/_2$ oder 0,5 Liter,	0,02 Liter.
$^1/_4$ . . . Liter	
0,2 Liter,	

Für die Maße von 2 Liter Inhalt und die nach der Halbirungstheilung abgestuften kleineren Maße sind als Verhältnisse des Durchmessers zur Höhe des Cylinders folgende zu Grunde gelegt (§. 8 der Eichordnung):

für das 2 Liter=, 1 Liter= und $^1/_2$ Liter=Maß 1 : 2
$^1/_4$ " " 1 : 1,9
$^1/_8$ " " 1 : 1,8
$^1/_{16}$ " " 1 : 1,7
$^1/_{32}$ " " 1 : 1,6

Bei den abgestumpften Kegeln, welche Gestalt die nach der Dezimaltheilung abgestuften Maße erhalten, beträgt der obere Durchmesser die Abmessung, welche diese Maße nach den für die Halbirungstheilung aufgestellten Bedingungen bei cylindrischer Form erhalten würden, und der untere Durchmesser ist das $1^1/_2$fache des obern.

Es soll nun gezeigt werden, auf welche Weise man bei der Berechnung der Dimensionen der Körpermaße unter den angegebenen Verhältnissen zu verfahren hat.

Die Geometrie lehrt, daß man den Kubikinhalt eines Cylinders dadurch bestimmt, daß man die Grundfläche mit der Höhe multiplicirt. Die Grundfläche ist ein Kreis; wenn man dessen Halbmesser oder Radius mit r bezeichnet, so ist sein Flächeninhalt:

$$r^2\pi = r^2 . \frac{355}{113} = r^2 . 3{,}141;$$

wobei π, wie immer in der Mathematik, die Ludolphische Zahl darstellt. Ist dann ferner die Höhe des Cylinders h, so läßt sich sein Kubikinhalt J durch die Formel ausdrücken,

$$J = r^2\pi . h = r^2 . 3{,}141 . h.$$

Nach dieser Formel sollen nun als Beispiele die Dimensionen für das Liter und das $^1/_{32}$ Liter der Flüssigkeitsmaße
berechnet werden.

Beim Liter ist die Höhe gleich dem doppelten Durch=
messer, oder gleich dem vierfachen Halbmesser, also $h = 4\,r$.
Legt man als Einheit das Dezimeter zu Grunde, so nimmt
obige Formel die Gestalt an:

$$4\,r^3\pi = 1 \quad \text{und hieraus}$$

$$r^3 = \frac{1}{4\,\pi}$$

$$r = \sqrt[3]{\frac{1}{4\pi}} = \sqrt[3]{\frac{1}{4 \cdot 3,141..}}$$

Führt man die Rechnung aus, indem man die Kubik=
wurzel auszieht, oder Logarithmen zu Hilfe nimmt, so er=
hält man:

	Dezimeter	Millimeter
der Halbmesser r ist =	0,430 ..	= 43,0
der Durchmesser	= 0,860	= 86,0
die Höhe	= 1,721	= 172,1.

Für das $^1/_{32}$ Litermaß ist das Verhältniß des Durch=
messers oder des doppelten Halbmessers zur Höhe $1 : 1,6$,
also $\qquad 2\,r : h = 1 : 1,6$; hieraus

$$h = 3,2\,r.$$

Mit diesem Werth erhält man aus obiger Formel:

$$3,2\,r^3\,\pi = \frac{1}{32}$$

$$r = \sqrt[3]{\frac{1}{3,2 \cdot 32 \cdot \pi}}$$

$$r = 0,146 \text{ Dezimeter} = 14,6 \text{ Millimet.}$$

Der Durchmesser beträgt also 29,2 Millimeter und folg=
lich die Höhe $= 29,2 \cdot 1,6 = 46,7$ Millimeter.

Ferner soll an einem Beispiel die Berechnung der
Dimensionen eines der Theile des Liters nach der dezimalen
Eintheilung, welche die Gestalt von abgestumpften Kegeln
haben, gezeigt werden, z. B. am 0,2 Liter-Maß.

6*

Nach der obigen Formel berechnet man zuerst wie beim Cylinder unter den aufgestellten Bedingungen den Halbmesser der obern Grundfläche des abgestumpften Kegels; man findet dafür den Werth r = 25,6 Millimeter ungefähr; der obere Durchmesser beträgt also 51,2 Millimeter und folglich der untere $\frac{3}{2} \cdot$ 51,2 = 76,8 Millimeter. Es ist nun noch die Höhe dieses 0,2 Liter=Maßes zu bestimmen.

Der Inhalt des abgestumpften Kegels ist aber gleich dem Produkte aus dem dritten Theil der Höhe in die Summe der untern und der obern Grundfläche und der mittlern Proportionalfläche zwischen beiden. Ist also dieser Inhalt J, die Höhe h, der Halbmesser der obern Grundfläche r und der der untern R, so hat man für den Inhalt die Formel:

$$J = \tfrac{1}{3}\, h\,(R^2\pi + r^2\pi + R\,.\,r\,.\,\pi)$$

$$J = \tfrac{1}{3}\, h\,\pi\,(R^2 + r^2 + R\,.\,r).$$

Aus dieser Gleichung findet man:

$$h = \frac{3\,J}{\pi\,(R^2 + r^2 + Rr)}\,.$$

Nun ist J = 0,2 Kubikdezimeter, R = 0,384 Dezimeter, r = 0,256 Dezimeter (auf 3 Stellen gerechnet). Setzt man diese Werthe ein, so findet man

h = 0,614 Dezimeter = 61,4 Millimeter.

Auf diese Weise wurden nachstehende Tabellen berechnet, in welchen zugleich auch die zulässigen Abweichungen in der Größe des Durchmessers angegeben sind (§. 8 der Eichordnung):

Größe des Maßes.	Berechnete Dimensionen		Der Durchmesser zulässiger Maße darf betragen:	
	des Durchmessers mm.	der Höhe: mm.	höchstens mm.	mindestens mm.
2 Liter . .	108,4	216,7	114	103
1 " . .	86,0	172,1	90	82
$\frac{1}{2}$ " . .	68,3	136,5	73	64
$\frac{1}{4}$ " . .	55,1	104,3	58	52
$\frac{1}{8}$ " . .	44,0	80,1	47	42
$\frac{1}{16}$ " . .	36,0	61,4	38	34
$\frac{1}{32}$ " . .	29,2	46,7	31	28

Größe des Maßes.	Berechnete Durchmesser		Berechnete Höhe	Der obere Durchmesser darf betragen:	
	oben mm.	unten mm.	mm.	höchstens mm.	mindestens mm.
0,2 Liter	51,2	76,8	61,4	54	49
0,1 "	41,4	62,1	46,9	43	39
0,05 "	33,5	50,3	35,8	35	32
0,02 "	25,2	37,8	25,3	26	24

XI. Lehrstunde.

Fortsetzung.

Die Berechnung für die Dimensionen der Trocken=maße geschieht in gleicher Weise; die zur Eichung und Stempelung zugelassenen sind (§. 14 der Eichordnung):

2 Hektoliter oder 2 Faß   10 Liter
1   "   " 1   "   5   "
½ oder 0,5   "   2   "
   ¼   •   "   1   "
  20 Liter
½ oder 0,5 Liter   0,2 Liter
   ¼   "   0,1   "
   ⅛   "   0,05 "
   1/16 "

Als Beispiel sollen hier die Dimensionen für das Hektoliter gerechnet werden.

Die früher für den Kubikinhalt des Cylinders auf=gestellte Formel lautete:

$$J = r^2 \pi \cdot h.$$

Bei diesen Maßen ist $2r : h = 3 : 2$

$$h = \frac{4r}{3};$$

mit diesem Werth erhält man:

$$J = \frac{4 r^3 \pi}{3} \text{ und hieraus}$$

$$r = \sqrt[3]{\frac{3J}{4\pi}} = \sqrt[3]{\frac{300}{4\pi}}$$

$$r = 2,879 \text{ Dezimeter},$$
$$r = 287,9 \text{ Millimeter}.$$

Also ist der Durchmesser 575,9 Millimeter und demnach die Höhe 383,9 Millimeter.

In gleicher Weise wurde folgende Tabelle berechnet, in welcher zugleich die zulässigen Abweichungen im Durchmesser angegeben sind:

Größe des Maßes.	Berechnete Durchmesser.	Der Durchmesser darf betragen: höchstens	minbestens
2 Hektoliter	729,7 mm.	747 mm.	704 mm.
1 „	575,9 „	593 „	559 „
0,5 „	457,1 „	471 „	443 „
1/4 „	362,8 „	374 „	352 „
20 Liter	336,8 „	347 „	327 „
10 „	267,3 „	275 „	259 „
5 „	212,2 „	218 „	206 „
2 „	156,3 „	161 „	152 „
1 „	124,1 „	128 „	120 „
0,5 „	98,5 „	103 „	94 „
1/4 „	78,1 „	82 „	74 „
1/8 „	62,0 „	65 „	59 „
1/16 „	49,2 „	52 „	47 „

Für die nach der Dezimaltheilung abgestuften Maße von 0,2 L, 0,1 L und 0,05 L, die im Verkehr selten vorkommen werden, gilt genau dasselbe, wie für die Flüssigkeitsmaße von gleicher Größe. Auch sie werden, um Verwechslungen zu vermeiden, in der Form abgestutzter Kegel hergestellt.

Wenn die beiden Maßreihen für Flüssigkeitsmaße und Trockenmaße oder Theile derselben dem Lehrer zur Verfügung stehen, so wird er dieselben zuerst in der angeführten Ordnung den Schülern vorzeigen. Alsdann wird er die beiden Maßreihen vereinigen, indem er die Maße von gleichem Inhalt, wie das Liter für Flüssigkeiten und trockene Körper, neben einander stellt. Die Schüler können dadurch den Einfluß der Dimensionen auf die beiden Arten der Maße beurtheilen.

Hierauf läßt der Lehrer die Namen der verschiedenen

Maße beider Reihen wiederholen und sich alsdann auch die Namen der Maße angeben, die er mit der Hand bezeichnet. Stehen ihm die Maße nicht selbst zur Verfügung, so wird er sich mit Abbildungen begnügen müssen.

Anmerkung: Die Gründe, nach welchen außer der dezimalen Eintheilung des Liters auch die fortgesetzten Halbirungen desselben zur Eichung und Stempelung zugelassen werden, sind nach den Motiven folgende:

„Die Eichung und Stempelung fortgesetzter Halbirungen des Liters dürfte in der Thatsache ihre Rechtfertigung finden, daß gegenwärtig fast überall in den Landestheilen diesseits des Rheins beim Kleinverkehr mit Bier, Wein, Branntwein, Milch, neben der halben Maß auch das Quart oder der Schoppen, dann das Achtel in Anwendung steht, und daß auch in der Pfalz das Liter fortgesetzt halbirt wird. Gewichtige viktualienpolizeiliche Rücksichten lassen die fortgesetzte Halbirung des Liters wünschenswerth erscheinen. Gegen den Fortbestand der hierin gelegenen, in die Bevölkerung tief eingedrungenen Gewohnheit möchte sich auch um so minder etwas einwenden lassen, als die Halbirung des Liters offenbar für den internationalen Verkehr ganz und gar keine Bedeutung hat, und die Franzosen sich durch das Schankbedürfniß zu derselben Abweichung vom metrischen Systeme veranlaßt gesehen haben.

XII. Lehrstunde.
Bestätigung der Dimensionen der Körpermaße.

Der Lehrer eicht die Körpermaße, d. h. er mißt die Durchmesser und die Höhen, indem er dabei nach Bedürfniß das Meter oder Doppel-Dezimeter anwendet.

Er zeigt auf diese Art, daß der Durchmesser sich zur Höhe bei allen den Gefäßen, welche zum Messen der Früchte zc. dienen, wie 3 : 2 verhält und er gibt zugleich diese Dimensionen in Millimetern an, wie sie in der Tabelle der letzten Lektion zusammengestellt sind.

Hierauf führt er vor Augen, daß bei den Flüssigkeitsmaßen die Höhe die oben angeführten Verhältnisse zum Durchmesser besitze, und er nennt für diese Dimensionen die Anzahl der Millimeter, die sich in den Tabellen der vorletzten Lektion finden.

Es dürfte jedenfalls angezeigt sein, diese Zahlen in Millimeter etwa für die Dimensionen des Liters in beiden Fällen dem Gedächtnisse der Schüler einprägen zu lassen.

Alsdann läßt der Lehrer seine Schüler die Eichmaße der Gefäße construiren. Zu diesem Ende hat jeder ein Blatt Papier vor sich liegen und ist mit einem Lineal und Bleistift versehen; auf dem Papier wird alsdann eine un= begränzte gerade Linie gezogen und einer der Endpunkte, z. B. der auf der linken Seite, deutlich angemerkt.

Hierauf mißt der Lehrer mittelst eines Zirkels den Durch= messer des ¹/₁₆ Liters als Getreidemaß und läßt diese Länge durch jeden Schüler auf seine Linie, vom linken Ende aus= gehend, auftragen. Ebenso werden die Maße der Durchmesser für die übrigen Trockenmaße abgenommen und von demselben Punkt aus aufgetragen; auf eine zweite parallele Linie ebenso die Maße für die Höhen. Auf diese Weise erhält man die Visir= maße für die Trockenmaße. Eine dritte gerade Linie, parallel zur ersten gezogen, dient zum Auftragen der Visirmaße der Durchmesser der Flüssigkeitsmaße, und eine vierte parallele Linie zum Auftragen der Höhen.

Die Schüler schreiben hierauf noch an die vier Eich= maße-die Namen der zugehörigen Maße. Diejenigen, welche mit Linealen versehen sind, können die gefundenen Längen auch auf diese auftragen, oder besser, diese Längen noch einmal am Meter oder Dezimeter abnehmen und sie dann auf das Lineal auftragen, immer dabei von demselben Endpunkte ausgehend.

XIII. Lehrstunde.

Bestätigung der Richtigkeit der Flüssigkeitsmaße.

Für diese Stunde, in welcher die Richtigkeit der Flüssigkeitsmaße geprüft werden soll, muß sich der Lehrer versehen 1) mit einem großen Krug, einige Liter Wasser enthaltend; 2) mit einem kleineren Glas, um das Wasser in die Maße zu gießen; 3) mit einer tiefen Schale, um die Maße wieder entleeren zu können. Er stellt hierauf folgende Versuche an:

Erster Versuch. Der Lehrer wird zuerst das Kubik= dezimeter mit Wasser füllen und dasselbe hierauf in das chlindrische Liter von Zinn gießen, um die Gleichheit dieser beiden Gefäße zu beweiſen. Er macht dabei aufmerkſam, daß es auf den erſten Anblick ſcheinen könnte, als ſei der Inhalt des Chlinders größer als der des Würfels, daß dieſer Fehler der Schätzung aber häufig vorkomme.

Zweiter Verſuch. Der Lehrer füllt zweimal nach einander das halbe Liter und gießt den Inhalt in das Liter, um zu zeigen, daß der Inhalt des letzteren doppelt ſo groß ſei, als der des erſteren.

Dritter Verſuch. Ebenſo wird er viermal nach einander das Viertel-Liter füllen und die Flüſſigkeit jedes= mal in das Liter gießen, um dadurch zu beweiſen, daß das erſtere der vierte Theil des letztern ſei.

Vierter Verſuch. Das Achtel = Liter wird zweimal mit Waſſer gefüllt, und der Inhalt jedesmal in das Viertel= Liter gegoſſen, um zu zeigen, daß erſteres halb ſo groß ſei, als letzteres.

Derſelbe Beweis wird in gleicher Weiſe durch einen fünften und ſechſten Verſuch, beziehungsweiſe für den ſech= zehnten und zweiunddreißigſten Theil des Liters geführt.

Dieſe Verſuche, welche die Genauigkeit der Flüſſigkeits= maße zeigen ſollen, wird der Lehrer durch die erſten Schüler wiederholen laſſen.

Er ſchließt dieſe Lehrſtunde, indem er darauf auf= merkſam macht, daß eine Flüſſigkeit in einem Gefäße, deſſen Wände von derſelben benetzt werden, und welches nicht ganz gefüllt iſt, ſich ringsherum am Rande etwas in die Höhe zieht, ſo daß die Oberfläche der Flüſſigkeit bis zu einer gewiſſen Entfernung von der Wand eine concave oder hohle iſt; dieſe Erſcheinung zeigt ſich z. B., wenn Waſſer in eine enge Glasröhre gebracht wird. Fügt man noch ſo viele Flüſſigkeit hinzu, um das Gefäß gerade zu füllen, ſo iſt die Oberfläche nahezu eine Ebene; gießt man nun langſam noch mehr Flüſſigkeit nach, ſo bildet dieſe außer= halb des Gefäßes eine gewölbte oder convexe Oberfläche.

Man muß den Augenblick kennen, in welchem die Oberfläche der Flüſſigkeit eben iſt; zu dem Ende ſtellt man das Auge in die Höhe des Gefäßrandes und hört mit dem Nachgießen der Flüſſigkeit in dem Augenblicke auf, in wel=

chem die Oberfläche derselben in gleicher Höhe mit den Rändern steht.

Es gibt noch ein genaueres Verfahren; dasselbe besteht darin, mit einer ebenen Glasplatte das Gefäß abzuschließen, wenn dasselbe überfüllt ist. Dieses Verfahren wird in einer der nächsten Lehrstunden zur Anwendung kommen.

Wenn die Flüssigkeit aus einem Gefäße ausgegossen wird, so bleibt an den Wänden noch immer eine Schichte hängen, die bei feinen Arbeiten in Rechnung gezogen werden muß; dieselbe wächst proportional dem Quadratinhalt der Wände.

Anmerkung. Wir haben eben gehört, daß die Oberfläche einer Flüssigkeit, welche die Gefäßwände benetzt, concav sei; dagegen läßt sich auch leicht zeigen, daß das Umgekehrte stattfindet, wenn die Flüssigkeit die Gefäßwände nicht benetzt, wenn man z. B. Quecksilber in eine enge Glasröhre bringt, so findet man, daß dasselbe in der Mitte höher steht, als am Rande, daß also seine Oberfläche eine erhabene oder convexe sei.

Diese Erscheinungen, welche den Namen Capillaritäts-Erscheinungen tragen, beruhen auf der gleichzeitigen Wirkung der Cohäsions- und Adhäsionskraft.

Wir verstehen unter der Cohäsionskraft die anziehende Kraft, welche die sich berührenden Theile des nämlichen Körpers aufeinander ausüben, während wir die zwischen den Theilen zweier verschiedener Körper stattfindende Anziehung Adhäsion nennen.

Im erstern Falle, wenn die Flüssigkeit den festen Körper benetzt, wenn also, wie oben die Oberfläche des Wassers in der Glasröhre eine hohle oder concave ist, ist die Adhäsion zwischen Glas und Wasser größer als die Cohäsion der einzelnen Wassertheile unter sich. Im zweiten Falle dagegen findet das Umgekehrte statt; die Cohäsion der einzelnen Quecksilbertheile unter sich ist größer, als die Adhäsion zwischen Glas und Quecksilber.

XIV. Lehrstunde.
Bestätigung der Richtigkeit der Trockenmaße.

Die Bestätigung der Richtigkeit der Maße für trockene Gegenstände geschieht mit Hülfe des Hirses, dessen Körner klein, rund und untereinander gleich sind.

Der Lehrer hat hiezu zu seiner Verfügung: 1) ein oder zwei 10 Liter-Maße (Dekaliter) Hirse; 2) eine am Rand aufgebogene Platte, um auf dieselbe die Maße zu stellen und den Hirse schütten zu können; 3) ein Streichlineal, um mit demselben über den Rand der Maße hinwegzustreichen und den überflüssigen Hirse zu entfernen.

Erster Versuch. Der Lehrer füllt das Cubikdezimeter und schüttet die Frucht in das chlindrische Liter, um die Gleichheit beider Maße zu erproben.

Zweiter Versuch. Man füllt das Liter zweimal und schüttet den Inhalt in das Doppelliter.

Dritter Versuch. Man füllt das Doppelliter zweimal und das Liter einmal und schüttet den Inhalt in das 5 Liter=Maß.

Vierter Versuch. Das 5 Liter=Maß wird zweimal gefüllt und der Inhalt in das 10 Liter=Maß geleert.

Fünfter Versuch. Das halbe Liter wird zweimal angefüllt und der Inhalt in das Liter geleert.

Sechster Versuch. Man füllt viermal das Viertelliter und bringt den Inhalt in das Liter.

Siebenter Versuch. Man füllt das Achtelliter zweimal und entleert den Inhalt in das Viertelliter; ähnlich für das $1/16$ Liter.

Das gesetzliche Maß ist das abgestrichene; manche wohlfeile Substanzen aber, wie die Kleien, werden mit einem Aufmaß gemessen. In diesem Falle wird der zu messende Gegenstand nach einem möglichst hohen Kegel auf den Rändern des Maßes geformt.

Für die nämliche Substanz stehen die Aufmaße in denselben Verhältnissen zu einander, wie die abgestrichenen Maße; die äußeren kegelförmigen Mengen sind proportional den inneren chlindrischen, d. h. der Kegel, welcher das Aufmaß beim Liter bildet, ist z. B. doppelt so groß, als der Kegel, der das Aufmaß beim halben Liter darstellt.

XV. Lehrstunde.

Abmessen der Früchte von verschiedener Form und Größe.

Es ist einleuchtend, daß eine mehr oder weniger runde Frucht den Inhalt des Gefäßes, in dem sie gemessen wird, nur theilweise ausfüllt; denn zwischen den einzelnen Körnern werden immer leere Räume bleiben, die sich nicht ausfüllen lassen, ohne die Körner zu zerdrücken.   Aber welches auch die Größe der Frucht sei, dieselbe wird immer den gleichen Raum im Gefäße einnehmen, wenn sie nur stets dieselbe Form beibehält und nur ihre Größe ändert; d. h. z. B. der Hirse und die Erbsen, welche beiden Arten von Früchten runde Körner haben, erfüllen in demselben Gefäß genau den gleichen Raum und lassen den gleichen Raum zwischen sich unerfüllt.   Ebenso wird Getreide mit großen und mit kleinen Körnern, wenn nur die Form dieselbe ist, genau den gleichen Raum in demselben Gefäß einnehmen.   Es ist also in Rücksicht auf die Menge oder das Volumen gleichgiltig, ob man ein Liter einer Frucht mit großen oder kleinen Körnern nimmt, wenn nur die Form der Körner bei beiden genau dieselbe ist.

Untersuchen wir nun weiter den Einfluß der Form der Früchte.

Hätten dieselben zunächst die Gestalt von Würfeln oder Parallelepipeden, und würde man sie genau aneinander-legen, so würden sie keinen leeren Raum zwischen sich lassen. Dieser Fall tritt in der Natur nicht auf.   Hätten in einem weiteren Falle die Früchte eine chlindrische Gestalt und wären in ihrer Lage möglichst günstig angeordnet, so würden sie als leeren Raum zwischen sich ungefähr den zehnten Theil des Gefäßes haben.

Sind im dritten Falle die Körner rund und in dem Gefäß gut gelagert, so lassen sie zwischen sich ein Viertel des Raumes leer.

In Beziehung auf das Volumen sind also die chlindrischen Früchte stets den runden vorzuziehen.   Nehmen wir z. B. an, wir hätten zwei Sorten von Kartoffeln, läng-liche und runde; die erstern werden in Beziehung auf das Volumen entschieden den letztern vorzuziehen sein, und folg-lich auch in Beziehung auf ihren Werth als Nahrungs-mittel, wenn die Güte der beiden Sorten gleich vorausge-setzt wird.

Setzen wir weiter voraus, man habe statt einer Sub-stanz mit gleich großen Körnern ein Gemenge von zweierlei nach ihrer Größe verschiedenen Kornarten zu messen.   Man habe ein Liter Hirse und ein Liter Erbsen, jedes einzeln gemessen. Wenn man nun diese beiden mit einander mischt, so wird das Gemenge weniger als zwei Liter einnehmen, weil die kleineren Hirsekörner sich zwischen den Erbsen lagern werden, und auf diese Weise weniger verlorener Raum entsteht.

Folglich wird es vortheilhafter sein, ein Gemenge zweier Früchte von verschiedener Größe zu kaufen, als jede einzelne Art für sich, und umgekehrt wird der Verkäufer in dem Falle verlieren, wenn er statt der einzelnen getrennten Sorten das Gemenge derselben verkauft.

Um sich diesen Unterschied vorstellen zu können, nehmen wir an, daß ein Liter mit Erbsen angefüllt sei; ohne daß nur eine einzige Erbse herausfällt, kann man nun von dem Hirse eine gewisse Quantität in die Zwischenräume zwischen den einzelnen Körnern schütten, und die auf diese Weise hinzugefügte Menge Hirse wird alsdann gewonnen sein, weil durch dieselbe das Maß nicht weiter aufgehäuft wurde.

Der Vortheil, den man in dieser Hinsicht durch das Mischen runder Körper von zweierlei Größe erreichen kann, erreicht seine Grenze bei ein Viertheil des Inhaltes, und man nähert sich dieser Grenze um so mehr, je kleiner die Körner der einen Art gegen die andere sind. Wenn man z. B. in ein Liter, das bereits mit runden Körnern gefüllt ist, eine Flüssigkeit, welche also alle leeren Räume ausfüllen wird, gießt, so wird die Menge derselben ein Viertheil des Liters betragen.

Was die Flüssigkeiten anlangt, so scheint es, als ob dieselben den Inhalt der Gefäße, womit sie gemessen werden, vollständig ausfüllten. Dem ist jedoch nicht so; denn setzt man die Atome rund und in Berührung miteinander voraus, so müssen sie ebenfalls ein Viertheil des Raumes leer zwischen sich lassen, gerade so wie runde Körner.

Die Probe hiefür zeigt ein Gemenge zweier Flüssigkeiten die sich mischen lassen; das Volumen der Mischung ist kleiner als die Summe der einzeln gemessenen Voluminen.

Wenn man ein Liter Waſſer und ein Liter Alkohol miſcht,
ſo iſt das Volumen·der Miſchung kleiner als zwei Liter.

Um das Vorhergehende zu beſtätigen, wird nun der
Lehrer einige Verſuche anſtellen:

Er füllt das zinnerne Liter mit Hirſe und dann mit
Erbſen und gießt in beiden Fällen Waſſer zu, ſo wird die
Menge deſſelben jedes Mal ein Viertel Liter betragen.

Er wird weiter Waſſer in ein mit Getreide gefülltes
Liter gießen und finden, daß die Waſſermenge in dieſem
Falle weniger als ein Viertel Liter betrage. Noch weniger
Waſſer kann er einem Liter Linſen zugießen, da deren
Form abgeplattet iſt.

Endlich wird er den Verſuch mit Hirſe und Erbſen
machen, die er zunächſt für ſich gemeſſen hat, und dann
im Zuſtande der Miſchung. Er findet z. B., daß ein Liter
Hirſe und ein Liter Erbſen mit einander gemiſcht, nur
$1\,^{7}/_{10}$ Liter ausmachen, ſo daß der Verluſt $^{3}/_{10}$ Liter oder
ungefähr ein Sechſtel des Gemenges beträgt.

Für alle Arten von Früchten, gemengt zu zweien oder
zu dreien ꝛc. gibt es beſtimmte Miſchungsverhältniſſe, welche
den größten Verluſt geben, und die man das Maximum
der Concentration nennt. So erhält man für Hirſe und
Erbſen dieſes Maximum, wenn man 3 Voluminen Erbſen
mit 2 Voluminen Hirſe miſcht; der Verluſt beträgt alsdann
$^{1}/_{5}$ des Gemenges, während $^{1}/_{4}$ die Gränze der Concentration für runde Körner im Allgemeinen iſt.

XVI. Lehrſtunde.

Fortſetzung.

Bei all' dem Vorhergehenden wurde der Einfluß der
Wände der Gefäße vernachläſſigt. An den Wänden nehmen
aber die Körner eine andere Lage an als an entfernteren
Stellen, und es entſpringt daraus ein neuer Verluſt. Dieſer
Verluſt iſt um ſo mehr bemerkbar, als das Gefäß klein
und der zu meſſende Körper groß iſt. Man gelangt in
dieſer Beziehung zu folgendem bemerkenswerthen Schluß,
der nicht aus den Augen gelaſſen werden darf:

„Im Allgemeinen sind die Mengen derselben Frucht, die verschiedene Maße ausfüllen, nicht proportional dem Inhalt dieser Maße, wenn man dabei nicht auch die Art der Messung geändert hat."

So haben zwei halbe Liter einer Frucht, gemessen mit Hilfe des halben Liters, zusammen ein kleineres Volumen, als ein Liter derselben Frucht, gemessen auf einmal in dem Liter. Ebenso sind 10 Liter, die nach und nach mit dem Liter gemessen wurden, noch weniger, als wenn man in dem 10 Litermaß sie auf einmal gemessen hat, und so fort; die Differenz wächst in dieser Weise nach einem Gesetz, das sogleich angegeben werden wird. Diese Differenz würde eine sehr große, wollte man große Früchte in kleinen Gefäßen messen; der Fehler wird weniger groß, wenn man dieselben Früchte in Gefäßen von größerem Inhalt mißt. Folglich müssen große Früchte vorzugsweise in großen Gefäßen gemessen werden; kleine Maße wird man für kleinere Früchte anwenden, und wenn der zu messende Gegenstand in dem pulverförmigen oder flüssigen Zustand auftritt, kann man ihn ohne Unterschied in so kleinen Gefäßen messen als man will.

Der Verlust, verursacht durch die Wände, ist proportional dem Gesammtinhalt der Wände, den Boden und Deckel mit einbegriffen. Nun ist aber die Gesammtwand proportional dem Quadrat der Dimensionen; denn beim Cylinder ist unter den Voraussetzungen der Dimensionen bei den Getreidemaßen:

Gesammtoberfläche = Grundfläche + Mantelfläche.

$$\text{Gesammtoberfläche} = \frac{d^2\pi}{4} + \frac{2}{3}d^2\pi$$

$$\text{\hspace{3em}''\hspace{2em}} = \frac{11\,d^2\pi}{12},$$

wenn d den Durchmesser vorstellt; man findet also z. B. durch Vergleichung des Liters mit dem 10 Litermaß:

	Dimensionen.	Quadrat hievon
Liter . . .	124 Mill.	15 376
10 Litermaß .	267 Mill.	71 289

Da man nun 10 Liter nehmen muß, um ein 10 Liter-

Maß zu füllen, so hat man das bezügliche Quadrat (die
Proportionalzahl für die Oberfläche) für das Liter mit 10
zu multipliciren, so daß die Inhalte der Wände sich ver=
halten wie

$$153\,760 : 71\,289$$

oder angenähert wie 2 : 1; d. h. der Verlust, hervorgerufen
durch die Wände der 10 Liter, wird doppelt so groß sein,
als der Verlust, der durch die Wände des 10 Litermaßes
veranlaßt wird.

Man findet durch den Versuch, daß man bei 10 Liter
Hirse, die man in dem Liter gemessen hat, 0,5 Liter
weniger hat, als wenn man sie auf einmal in dem 10 Liter=
maß gemessen hätte; folglich sind die absoluten Verluste,
die durch die Wände verursacht werden:

$\frac{1}{2}$ Liter für das 10 Litermaß,

1 Liter für die zehnmalige Anwendung des Liters,

$\frac{1}{10}$ Liter für 1 Liter.

Aus diesem Allen folgt nun, daß, wenn man den
Inhalt eines großen Haufen Hirses bestimmt hat ohne
Anwendung der Hohlmaße, also durch Rechnung, und man
will denselben nun im Kleinen ausmessen mittelst des Liters,
man dem Anschein nach $\frac{1}{10}$ zu viel erhalten wird; wenn
man als Maß das 10 Litermaß anwendet, so findet man dem
Anschein nach $\frac{1}{20}$ zu viel, beim Hektoliter $\frac{1}{40}$ u. s. f.
Der Fehler vermindert sich immer um die Hälfte, wenn
das Maß zehnmal größer wird.

Aus diesem resultirt, daß ein Kaufmann, der Hirse
nach dem 10 Litermaß kauft und zu demselben Preis nach
Litern verkaufen würde, $\frac{1}{20}$ gewinnen würde; hätte er nach
Hektolitern gekauft und würde nach Litern verkaufen, so
gewänne er $\frac{3}{40}$ oder ungefähr $\frac{1}{13}$ u. s. w.

Noch folgt, daß die Trockenmaße nicht mit den ana=
logen Flüssigkeitsmaßen übereinstimmen dürfen, wenn man
sowohl die einen als auch die andern zum Messen von
Früchten benützen will. Die letzteren Maße geben einen
etwas größeren Verlust als die ersteren.

Um übereinstimmende Maße zu erhalten, wäre es
nothwendig, daß ihre Oberflächen proportional ihrem Vo=

lumen wären. Man findet alsdann, daß, wenn man dem Liter die Form eines Chlinders geben würde, dessen Durchmesser der Höhe gleich wäre, das 10 Litermaß eine Höhe ungefähr = $\frac{1}{13}$ des Durchmessers, oder besser eine Höhe, die 9 bis 10mal größer als der Durchmesser wäre, erhalten müßte; in beiden Fällen würde aber das 10 Litermaß eine sehr unförmliche Gestalt erhalten, und dieser Uebelstand würde noch um so mehr auftreten, wenn man zum Hektoliter überginge. Man hat aber kein anderes Mittel, diesen Fehler für die Trockenmaße aufzuheben; es wäre denn, daß man durch eine spezielle Vorschrift die Größe der Maße für jede einzelne Frucht bestimmen würde.

Anmerkung. Was die Getreidemaße betrifft, so wird die Anwendung derselben im Großen mit der Zeit eine geringere werden; schon jetzt wird das Getreide häufig nach dem Gewicht verkauft und es läßt sich annehmen, daß dieser Uebergang zum Gewichtssystem in Zukunft nicht ausbleiben dürfte, da ja ganz gewiß das Gewicht des Getreides ein viel besserer und sicherer Werthmesser ist, als das Volumen desselben. In der Rheinpfalz z. B., wo das Metersystem schon seit längerer Zeit im Gebrauch steht, wird das Getreide ausschließlich gewogen; seit Einführung des metrischen Maßes wird auch an der Münchener Schranne nur mehr nach dem Gewicht verkauft.

XVII. Lehrstunde.

Ueber Gewichte im Allgemeinen.

Das allenthalben in der Natur verbreitete Wasser dient zur Bestimmung der Einheit für die Gewichte; als solche legt man das Kilogramm zu Grunde, welches gleich ist dem Gewichte eines Liters oder Kubikdezimeters Wasser, gewogen im luftleeren Raume und bei einer Temperatur von $+ 4^0$ des hunderttheiligen Thermometers. Der tausendste Theil des Kilogrammes heißt das Gramm; dieses repräsentirt also das Gewicht eines Kubikzentimeters Wasser, gewogen unter den obigen Bedingungen.

Das Kilogramm ist das Gewicht eines Liters Wasser. Es ergibt sich hieraus der innige Zusammenhang, in welchem beim metrischen Systeme die Körpermaße mit den Gewichten stehen:

Maße und Gewichte.   7

1 Kubikzentimeter Wasser wiegt $\frac{1}{1000}$ Kilogr. oder 1 Gramm;
1 Kubikdezimeter (Liter) „ „ 1 Kilogramm;
1 Kubikmeter „ „ 1000 Kilogr. oder 1 Tonne.

Es fragt sich zuerst: Woher rührt die Bedingung, daß das Liter Wasser, dessen Gewicht zur Einheit dient, bei + 4° des hunderttheiligen Thermometers gewogen werden soll?

Alle Körper besitzen die Eigenschaft, sich in der Wärme auszudehnen, in der Kälte zusammenzuziehen. Diese Wirkung der Wärme tritt am stärksten in die Augen bei luftförmigen Körpern, weniger bei flüssigen, am wenigsten bei den festen Körpern, und muß bei verschiedenen praktischen Arbeiten, z. B. beim Legen der Eisenbahnschienen, beim Ziehen der Telegraphendrähte 2c. wohl berücksichtigt werden. Von diesem allgemeinen Gesetz der Ausdehnung der Körper durch die Wärme bildet nun das Wasser eine Ausnahme; dasselbe hat nämlich bei oben genannter Temperatur, bei 4° Celsius, seine größte Dichtigkeit; wird es von hier aus erwärmt, so dehnt es sich fortwährend aus, bis es bei 100° zum Sieden kommt; wird seine Temperatur von 4° an erniedrigt, so dehnt es sich ebenfalls aus und wird bei 0 zu Eis.

Bei 4° hat es also das Maximum seiner Dichtigkeit, und bei dieser Temperatur wird eben das Gewicht des Kubikdezimeters Wasser bestimmt, welches unter dem Namen Kilogramm die Einheit der Gewichte bildet.

Die Verdichtung des Wassers von seinem Gefrierpunkte oder von 0° an bis zu 4° ist aber nicht bedeutend; denn 10000 Kubikzentimeter von 0° vermindern sich bloß um ein Kubikzentimeter, wenn ihre Temperatur bis 4° erhöht wird. Dennoch hat man zur Bestimmung des Kilogrammes Wasser von dieser letzteren Temperatur genommen, weil um diesen Punkt herum die Aenderung seines Volumens und folglich auch seiner Dichtigkeit eine sehr geringe ist, so daß selbst ein Fehler in der Temperatur nur einen sehr geringen Einfluß auf das Volumen dieser Flüssigkeit hat. In der That ist die Aenderung des Volumens bei einer Aenderung der Temperatur von 4^0 auf 3^0 oder 5^0 nur $^1/_{16}$ der Aenderung von 4^0 auf 8^0 oder 0^0.

Es fragt sich zweitens: Warum soll das Wasser im luftleeren Raume gewogen werden?

Nach einem physikalischen Gesetze, dem sogenannten Archimedischen Prinzipe, verliert jeder vollständig im Wasser untergetauchte Körper an seinem Gewichte so viel, als die von ihm verdrängte Wassermasse wiegt. Ebenso verliert jeder in der Luft gewogene Körper an seinem Gewichte so viel, als das von ihm verdrängte Luftvolumen wiegt, so daß also die Körper, in der Luft gewogen, leichter sind, als wenn die Wägung im luftleeren Raume vorgenommen würde. Es wird also ein Kubikdezimeter Wasser in der Luft ge= wogen um so viel leichter sein, als das Gewicht eines Kubik= dezimeters Luft beträgt; da nun die Dichtigkeit der Luft sich mit der Temperatur und mit der Höhe eines Ortes über der Meeresfläche ändert, ferner noch von vielen an= dern Einflüssen bedingt ist, so würde man nach dem je= weiligen Zustand der atmosphärischen Luft für das Kilo= gramm oder das Gramm verschiedene Werthe erhalten.

Da die Luft ungefähr 770 mal leichter ist als das Wasser, so würden folglich 770 Gramm Wasser im luftleeren Raum, eben soviel wiegen als 771 Gramm Wasser in der Luft.

Nehmen wir weiter an, wir hätten mehrere Gramm= gewichte von verschiedenen Stoffen, z. B. von Platin, Kupfer c., welche sämmtlich im luftleeren Raum genau das Gewicht eines Kubikzentimeters Wasser hätten. Bringt man nun dieselben in die Luft, so werden diese Gramme ungleiches Gewicht haben; das Gramm aus Kupfer wird leichter sein, als das aus Platin, weil ersteres ein größeres Volumen besitzt, also mehr Luft verdrängt und folglich mehr an Gewicht verliert, als das letztere.

Dieser Uebelstand würde verschwinden, wenn man Platin nur mit Hilfe von Platingrammen, Kupfer nur mit Grammen aus Kupfer, überhaupt jeden Körper nur mit Gewichten wiegen würde, die aus demselben Stoffe hergestellt wären; denn in diesem Falle würden der zu

7 *

wiegende Körper und das Gewicht immer die gleiche Luft-
menge verdrängen, also gleichviel an Gewicht verlieren.

Eine solche Auswahl der Gewichte wäre aber höchst
lästig und sehr häufig auch unpraktisch. Man bringt deßhalb diesen Einfluß der Luft nur bei wissenschaftlichen
Arbeiten, die eine große Genauigkeit fordern, in Rechnung,
während man denselben bei allen Gewichtsbestimmungen im
Verkehr vernachlässigt und eiserne Gewichte beim Wägen
schwerer, messingene beim Wägen leichterer Körper verwendet.

Man nimmt endlich die Wägungen nicht im luftleeren
Raume, sondern in der Luft vor; will man gleichwohl das
wirkliche Gewicht des Körpers wissen, so verfährt man in
folgender Weise: Man berechnet aus dem Volumen des
Körpers das Gewicht der Luft, die er verdrängt, und ebenso
das Gewicht der Luft, welche durch die angewandten Gewichte von ihrer Stelle gedrängt wird; addirt man nun
zum erhaltenen scheinbaren Gewicht des Körpers das Gewicht der von ihm verdrängten Luft und subtrahirt von
dieser Summe das Gewicht der durch die angewandten
Gewichte verdrängten Luft, so erhält man hiermit das wirkliche Gewicht des Körpers, das Gewicht des Körpers im
luftleeren Raume.

Die Verhältnisse des metrischen Gewichtes zum bayerischen finden sich in den angehängten Tabellen.

XVIII. Lehrstunde.
Reihenfolge der Gewichte.

Der Lehrer zeigt zuerst das Kubikzentimeter und erklärt dabei, daß nicht die äußeren, sondern die inneren
Dimensionen in Betracht zu ziehen seien und daß diese je
ein Zentimeter betragen. Er füllt hierauf dasselbe mit
Wasser, verschließt es mittelst eines Deckels, trocknet das
anhängende Wasser ab und macht nun darauf aufmerksam,
daß das Gewicht dieses in dem Kubikzentimeter enthaltenen
Wassers unter dem Namen Gramm den tausendsten Theil
der Gewichtseinheit, des Kilogramms, bilde. Er gießt hierauf die Flüssigkeit auf einen ebenen Körper, um auch auf diese
Weise die Menge dieses Kubikzentimeters Wasser zu zeigen.

Das Gramm theilt man in 10 gleiche Theile, Dezi-
gramme genannt.

Das Dezigramm zerfällt wiederum in 10 gleiche
Theile, Zentigramme.

Das Zentigramm hat endlich 10 gleiche Theile,
Milligramme genannt.

Man treibt die Theilung selten bis zu dieser Grenze,
da das Milligramm bereits ein so kleines Gewicht ist, daß
nur empfindlichere Wagen dasselbe noch anzeigen.

Die Vielfachen des Grammes erhalten folgende Namen:

10 Gramm heißen ein Dekagramm oder Neuloth,

1000 Gramm heißen ein Kilogramm,

und dieses letztere bildet bei uns die Einheit bei Gewichts-
Bestimmungen.

Ein halbes Kilogramm heißt das Pfund.

Fünfzig Kilogramm oder hundert Pfund heißen der
Zentner.

Tausend Kilogramm oder zweitausend Pfund heißen
die Tonne.

Die Gewichte, welche das Kilogramm übersteigen, heißen
große Gewichte, mittlere, diejenigen von 1 Kilogramm
bis zu einem Gramm, und kleine Gewichte, die unter
einem Gramm liegen.

Jede dieser Gewichtsreihen umfaßt also drei Größen-
ordnungen und entsprechend eine Reihe von drei Ziffern.
So stellt die Zahl

582 Tonnen, 356 Kilogramm,

814 Gramm, 937 Milligramm

die vier Gewichtsreihen dar, von denen jede drei Ziffern umfaßt.

Die Abkürzungen für die metrischen Gewichte sind
die nachstehenden:

Kgr = Kilogramm (kürzer K),

Hgr = Hektogramm,

Dgr = Dekagramm,

gr = Gramm,

dgr = Dezigramm,

cgr = Centigramm,

mgr = Milligramm.

Zur Uebung im Abschreiben und Ablesen metrischer Gewichte diene Folgendes:

Die Einheit bildet das Kilogramm, in den drei ersten Stellen nach dem Dezimalzeichen stehen die Gramm, in den drei folgenden die Milligramm. Die Tonnen stehen in der Tausenderstelle und den vorhergehenden; ein Gewicht von 3425,867135 Kgr. könnte man lesen: 3 Tonnen, 425 Kilogramm, 8 Hektogramm, 6 Dekagramm, 7 Gramm, 1 Dezigramm, 3 Zentigramm, 5 Milligramm; man wird aber kürzer lesen: 3 Tonnen 425 Kilogramm, 867 Gramm 135 Milligramm.

1) Wie viele Kgr sind 97 ^{gr}?

Antwort: $1^{gr} = 0,001^{Kgr}$,
$97^{gr} = 0,097^{Kgr}$.

2) Wie viele Kgr sind 7 ^{Dgr}?

Antwort: $1^{Dgr} = 0,01^{Kgr}$,
$7^{Dgr} = 0,07^{Kgr}$.

3) Wie viele gr sind 2 ^{Kgr} + 2 ^{Dgr}?

Antwort: $2^{Kgr} = 2000^{gr}$,
$2^{Dgr} = 20$ „
_____
$2^{Kgr} + 2^{Dgr} = 2020^{gr}$.

4) Wie viele Kgr sind 3 ^{Dgr} + 2 ^{gr} + 4 ^{dgr}?

Antwort: $3^{Dgr} = 0,03^{Kgr}$,
$2^{gr} = 0,002$ „
$4^{dgr} = 0,0004$ „
_____
$3^{Dgr} + 2^{gr} + 4^{dgr} = 0,0324^{Kgr}$.

XIX. Lehrstunde.
Fortsetzung.

Die Gewichte für den öffentlichen Verkehr werden nur in folgenden Größen zur Eichung und Stempelung zugelassen (§. 38 der Eichordnung):

50 Kilogramm oder 1 Centner,
50 Pfund „ $^{1}/_{2}$ „
20 Kilogramm,
10 „
5 „

  2 Kilogramm,
  1   "
500 Gramm oder 1 Pfund,
    1/2 Pfund,
100 Gramm,
 50 "
 20 "
 10 "   oder 1 Dekagramm oder 1 Neuloth,
  5 "
  2 "
  1 "
  5 Dezigramm,
  2 "
  1 "
  5 Centigramm,
  2 "
  1 "
  5 Milligramm,
  2 "
  1 "

Die kleinen Gewichte, also die unter einem Gramm liegenden, werden nur bei feinen Wägungen in Verwendung kommen, z. B. in Apotheken, bei Goldarbeitern, bei chemischen Analysen, bei feineren Versuchen in der Physik. Sie sind aus Silber, Platin, Aluminium oder Messing hergestellt und erhalten gewöhnlich die Form von dünnen viereckigen Plättchen, deren eines Ende aufgebogen ist, um dieselben mittelst einer Pincette fassen zu können.

Ein Gewichtssatz für diese kleinen Gewichte, der hinreicht, um alle Wägungen zwischen 1 und 1000 Milligramm auszuführen, besteht in der Regel aus folgenden zwölf Gewichtsstückchen:

1 Gewichtsstückchen von 5 Dezigramm,
1   "   " 2   "
2   "   " 1   "
1   "   " 5 Zentigramm,
1   "   " 2   "
2   "   " 1   "

1 Gewichtsstückchen von 5 Milligramm,
2   „   „ 2   „
1   „   „ 1   „

Die mittlern und größeren Gewichte, die wichtigsten für den Verkehr, werden aus Messing und Gußeisen hergestellt; letzteres Metall darf einschließlich bis zum 50 Grammstück herab zur Verwendung kommen.

Gewichtsstücke von 50 Kgr oder 1 Centner können in Cylinderform mit Knopf oder Handhabe ausgeführt werden. Für das 50 Pfund Stück ist nur die letztere, für das 20 Kgr Stück nur die erstere Form zulässig.

Gewichtsstücke von 10 K bis ½ Pfund herab erhalten eine Cylinderform, deren Höhe den Durchmesser übersteigen muß, mit Knopf.

Eine Ausnahme hiervon bildet das 2 K Stück, bei welchem die Cylinderform eine gedrücktere sein muß, d. h. die Höhe den Durchmesser nicht erreichen darf.

Die Gewichtsstücke von 200 gr bis 1 gr erhalten die Form von Scheiben, welche nur bei den gußeisernen Gewichten von 200 gr, 100 gr und 50 gr ohne Knopf herzustellen sind.

Bei der Scheibenform darf die Höhe des Cylinders die Hälfte des Durchmessers nicht übersteigen.

Außerdem sind Einsatzgewichte zulässig, bei denen die einzelnen Gewichtsstücke mit Ausnahme des kleinsten, massiv ausgeführten, die Form in einander zu setzender Schalen haben, deren äußerste mit einem Charnierdeckel versehen ist und das Gehäuse bildet. Das Kilogrammgewicht dieser Art besteht aus 12 Stücken von 500, 200, 100, 100, 50, 20, 10, 10, 5, 2, 2 und 1 Gramm; das 500 Gramm-Gewicht (Pfund) aus 11 Stücken von 250 Gramm (½ ℔) 100, 50, 50, 20, 10, 10, 5, 2, 2 und 1 Gramm. Jedes dieser Stücke muß vorschriftsmäßig bezeichnet sein. (Eichordnung § 41.)

Die größten Gewichte, wie die Tonnen, werden nicht wirklich hergestellt, sondern mittelst der kleineren durch Hebelverbindungen (Dezimalwage, Zentesimalwage 2c.) oder auch manchmal durch Messung des Rauminhaltes der Waare bestimmt.

Am Schluß dieser Stunde wird der Lehrer noch die ihm zur Verfügung stehenden Gewichte der Größe nach ordnen und die Namen derselben den Schülern einzuprägen suchen.

XX. Lehrstunde.

Bemerkungen über die Eichmaße der Gewichte.

Die genaue Kenntniß all' dessen, was auf die metrischen Gewichte Bezug hat, ist von der höchsten Wichtigkeit, da nicht nur die meisten Waaren nach dem Gewichte verkauft werden, sondern weil an feinen Wagen auch kleine Unterschiede von Gewichten fühlbar werden, während die Volumbestimmungen immer nur eine unvollkommene Annäherung geben; endlich weil es Substanzen gibt, wie Gold und Silber, die genaue Bestimmungen erfordern, so daß sich Jeder diese Kenntnisse verschaffen muß, der seine Interessen gegen beabsichtigte und zufällige Irrthümer schützen will.

Zur Belehrung derjenigen, die in allen Dingen Genauigkeit lieben, folgen die nachstehenden Details, die sich nicht überall finden dürften und sehr Vielen unbekannt sind.

Das Urgewicht, nach dem alle französischen Gewichte bestimmt wurden, ist das Kilogramm, welches in dem kaiserl. Archive zu Paris niedergelegt ist. Dasselbe ist von Platin, einem Metall, welches durch atmosphärische Einflüsse nicht verändert wird, und welches von allen Stoffen die größte Dichtigkeit besitzt. Seine Form ist die eines Cylinders, dessen Höhe ungefähr dem Durchmesser gleichkommt; dieser Cylinder hat rings am Rande seiner beiden Grundflächen eine ein Millimeter breite schiefe Abschrägung und trägt keinen Knopf und keine Inschrift; das Wort Kilogramm steht nur auf dem Etui, in welchem das Urgewicht aufbewahrt wird.

Durch eine unbegreifliche Vergessenheit hat die Commission für Maße und Gewichte in Frankreich die genaue Bestimmung der Dichtigkeit dieses Kilogrammes unterlassen. Sie sagt nur, daß sein Volumen 47,6 Kubikzentimeter betrage, und hieraus würde eine Dichtigkeit ungefähr 21mal so groß als die des Wassers folgen.

Eine später angestellte genaue Messung der Dimensionen ergab für das Kilogramm:

einen Durchmesser von 39,4 Millimeter,

eine Höhe von . . . 39,7   „

woraus man unter Abrechnung der Abschrägungen einen Inhalt von 48⅓ Kubikzentimeter erhält; ferner 20,7 für seine Dichtigkeit und 62,8 Milligramme für das Gewicht der verdrängten Luft, wenn man die Dichtigkeit derselben 770 mal kleiner nimmt als die des Wassers.

Anmerkung. Von diesem Urgewicht, sowie auch von dem Urmaße, als welches der aus Platin verfertigte, in dem kaiserl. Archive zu Paris aufbewahrte Mètre des Archives gilt, wurden im Jahre 1860 und 1863 durch eine von der königl. preußischen und kaiserl. französischen Regierung bestellte Commission Copien genommen, welche einer Maß= und Gewichtsordnung für den damaligen deutschen Bund zu Grunde gelegt werden sollten. Mit der Auflösung des deutschen Bundes fiel auch diese Durchführung; dagegen wurde im deutschen Reiche das metrische System vom 1. Januar 1872 an gesetzlich eingeführt, und die oben erwähnten Copien als Urgewicht und Urmaß angenommen. Diese Copien sind unter Benützung aller von der Wissenschaft und Technik gebotenen Hilfsmittel mit den Prototypen in dem kaiserl. Archive zu Paris verglichen und darnach bestimmt worden, und nach diesen wurden die Normalmaße und Normalgewichte für Bayern hergestellt.

XXI. Lehrstunde.
Von der Wage.

Bis jetzt haben wir bloß die Form und Größe der metrischen Gewichte kennen gelernt; es ist nun noch weiter nothwendig, mit ihrer Anwendung und Prüfung vertraut zu sein, wozu man durch Benützung der Wage gelangt; es wird deshalb von Nutzen sein, auf dieselbe etwas näher einzugehen.

Eine Wage besteht aus drei Hauptbestandtheilen: dem Gestell oder Stativ, dem Wagbalken und den beiden Wagschalen.

Das Stativ trägt den Wagbalken, an dessen beiden Enden die Wagschalen aufgehängt sind. Gehen wir an die Beschreibung der einzelnen Theile.

1) Das Stativ oder Gestelle einer Wage ist meist von Metall oder Holz; es muß die gehörige Standfestigkeit und

Stärke besitzen; seine Länge soll die des Wagbalkens nahezu erreichen; die letzte Bedingung ist jedoch nicht unumgänglich nothwendig. Auf dem obern Theil des Statives sind zwei kleine Platten von gehärtetem Stahl oder zwei Achate angebracht, welche die Bestimmung haben, den beiden Enden der Mittelschneide des Wagbalkens als Unterlage zu dienen; es ist durchaus nothwendig, daß diese beiden Unterlagen genau horizontal seien und sich in gleicher Höhe befinden.

2) Der Wagbalken muß stark genug sein, um auch durch die größten Gewichte, die mit der Wage bestimmt werden sollen, nicht gebogen zu werden. Man macht ihn gewöhnlich aus Stahl, Eisen, Bronze, Messing. Quer durch die Mitte des Wagbalkens geht ein dreiseitiges Stahlprisma, dessen Schneide nach abwärts gekehrt ist und auf den Stahl- oder Achatplättchen des Statives aufruht. In gleicher Entfernung von dieser Mittelschneide befinden sich an den Enden des Wagbalkens zwei kleine dreiseitige Prismen, die ihre Schneiden nach oben kehren und zur Aufhängung der Wagschalen dienen. Die beiden Hälften des Wagbalkens heißt man Wagbalkenarme. Die drei Schneiden müssen unter einander parallel laufen und in derselben Ebene liegen; die Vollkommenheit einer Wage beruht besonders auf dieser Bedingung.

Ferner muß der Wagbalken in der Gleichgewichtslage horizontal stehen und in diese Lage nach einer Reihe von Schwingungen zurückkehren, wenn er aus derselben gebracht wurde. Die Größe dieser Schwingungen mißt man mit Hilfe eines Zeigers, der in der Mitte des Wagbalkens senkrecht zu diesem angebracht ist (Zunge), und dessen eines Ende bei feineren Wagen auf einen eingetheilten Gradbogen zeigt.

Unter übrigens gleichen Umständen wird eine Wage um so empfindlicher sein, von je längerer Dauer die Schwingungen ihres Wagbalkens sind.

3) Die Wagschalen sind in der Regel von Metall; sie sind je an 3 oder 4 Drähten, Schnüren oder Ketten befestigt, die mittelst Hacken an den äußern Schneiden des Wagbalkens aufgehängt werden. Da die beiden Wagschalen

und ihre Aufhängungen gleich schwer sind, so werden sie
auch keinen Ausschlag des Wagbalkens verursachen.

Die Wage dient, um die Körper mittelst der Gewichte
zu wägen.   Man legt die Körper in die eine Wagschale
und in die andere so viel Gewichte, bis Gleichgewicht hergestellt ist, was man an dem horizontalen Stand des Wag=
balkens, beziehungsweise an der vertikalen Stellung der Zunge
erkennt.   Man sagt alsdann, daß der in Frage stehende
Körper ebenso viel wiege als die Gewichte, oder daß diese
das Totalgewicht des Körpers ausdrücken.

Man hat die Form der Wage und ihrer Theile auf
mannigfache Weise abgeändert.   Wir können hier nicht
auf diese Details eingehen, weil uns dieß zu weit
führen würde; in einer der nächsten Lehrstunden dagegen
sollen noch einige häufig im Gebrauch stehende Wagen be=
handelt werden.

Fig. 3.

XXII. Lehrstunde.

Von den nothwendigen Eigenschaften einer guten Wage.

Für die folgenden Untersuchungen ist es nothwendig, zunächst einige Bemerkungen über Hebel und Schwerpunkt vorauszuschicken.

Denkt man sich eine unbiegsame Stange, die in einem Punkte unterstützt ist, und an welcher an zwei andern Punkten Kräfte wirken, welche die Stange um den Unterstützungspunkt zu drehen streben, so heißt man diese Vorrichtung einen Hebel. Die Punkte, an welchen die beiden Kräfte wirken, von welchen man die eine die Kraft, die andere die Last heißt, nennt man die Angriffspunkte derselben, ihre Entfernungen vom Unterstützungspunkt die Hebelarme. Das Gesetz für den Gleichgewichtszustand des Hebels lautet:

Das Produkt aus Kraft und ihrem Hebelarm muß gleich sein dem Produkt aus Last und ihrem Hebelarme.

Unter dem Schwerpunkt eines Körpers versteht man denjenigen Punkt, in welchem der Körper unterstützt werden muß, damit er sich in jeder Lage im Gleichgewicht befindet; in diesem Punkte kann man sich das ganze Gewicht des Körpers vereinigt denken. —

Von jeder guten Wage wird verlangt, daß sie richtig und daß sie empfindlich sei. Eine Wage heißt richtig, wenn der Wagbalken horizontal steht, sobald auf beiden Seiten gleiche Gewichte eingelegt werden, dieselben mögen groß oder klein sein.

Eine Wage heißt empfindlich, wenn ein kleines Uebergewicht, welches in der einen Wagschale zugelegt wird, eine große Neigung des Wagbalkens hervorruft.

Damit die Wage richtig sei, muß sie folgenden beiden Bedingungen genügen:

1) Die Entfernungen des Unterstützungspunktes des Wagbalkens von den Aufhängepunkten der Wagschalen, d. h. die Wagbalkenarme, müssen gleich sein; diese Bedingung folgt aus dem oben angeführten Hebelgesetz, da der Wagbalken nichts anderes ist als ein Hebel.

2) Der Wagbalken muß horizontal ſtehen, wenn in den Wagſchalen gar keine Gewichte liegen.

Man überzeugt ſich von der Richtigkeit, wenn man die beiden Wagſchalen, nachdem der Wagbalken ins Gleichgewicht gebracht iſt, ſammt den eingelegten Gewichten vertauſchen kann, ohne den Gleichgewichtszuſtand zu ſtören.

Um die Empfindlichkeit einer Wage, d. h. die Neigung des Wagbalkens bei aufgelegtem Uebergewicht auf der einen Wagſchale zu beſtimmen, machen wir folgende Betrachtung

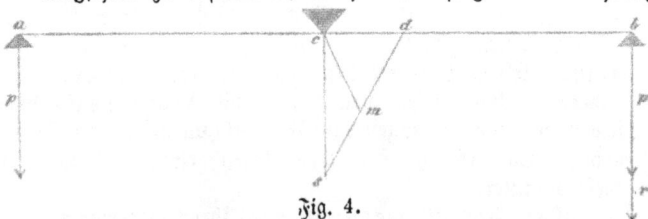

Fig. 4.

Es ſei a b die gerade Linie, welche die Aufhängepunkte der Wagſchalen verbindet, deren Gewichte wir uns in den Punkten a und b vereinigt denken; c ſei der Unterſtützungspunkt des Wagbalkens; s der ſenkrecht unter c liegende Schwerpunkt deſſelben. Wenn in a und b gleiche Gewichte p eingelegt werden, ſo bleibt der Wagbalken natürlich noch in horizontaler Lage; denn der Schwerpunkt der beiden Wagſchalen mit den eingelegten Gewichten fällt in c und demnach der gemeinſchaftliche Schwerpunkt aller in c hängenden Maſſen, d. h. des Wagbalkens, der Wagſchalen und der Laſten p, in einen Punkt zwiſchen s und c; er liegt dann noch ſenkrecht unter dem Stützpunkt, das Gleichgewicht wird alſo nicht geſtört.

Legt man dagegen auf der einen Seite ein Uebergewicht r zu, ſo fällt der Schwerpunkt der aufgelegten Gewichte nicht mehr mit c zuſammen, ſondern er wird nach der Seite des Uebergewichts, etwa nach d, herüberrücken; der Geſammtſchwerpunkt wird folglich in einen Punkt m der Linie d s zu liegen kommen. Jetzt liegt bei horizontaler Stellung des Wagbalkens der Schwerpunkt nicht mehr unter dem Stützpunkt; der Gleichgewichtszuſtand wird alſo gestört werden; der Wagbalken wird sich so lange um c drehen, bis m wieder senkrecht darunter liegt. Dabei wird sich nothwendig der Arm c a heben, c b dagegen senken. Der Winkel, um den sich der Wagbalken dabei dreht, heißt der Ausschlagwinkel und er ist gleich dem Winkel s c m.

Von der Größe dieses Winkels hängt nun die Empfind= lichkeit der Wage ab, und es ist also zu untersuchen, unter welchen Umständen derselbe möglichst groß wird. Diese sind aber, wie leicht an obiger Figur zu sehen, folgende:

1) Der Schwerpunkt des Wagbalkens muß möglichst nahe unter dem Unterstützungspunkt liegen; denn wenn unter übrigens gleichen Umständen der Schwerpunkt s hinauf rückt, so rückt auch der Punkt m vertikal in die Höhe, wodurch offenbar der Winkel s c m vergrößert wird. Der Schwerpunkt darf aber nicht mit dem Stützpunkt zusammenfallen, weil sonst indifferentes Gleichgewicht herrschen würde, die Wage würde dann in allen Lagen in Ruhe sein; er darf aber auch nicht oberhalb des Unterstützungspunktes liegen, weil sonst der Wagbalken bei dem kleinsten Uebergewicht umschlagen würde, und die Wage also nicht mehr zu brauchen wäre.

2) Die Länge des Wagbalkens soll eine mög= lichst große sein. Wenn man, ohne sonst etwas zu ver= ändern, den Wagbalken verlängern könnte, so würde der Punkt d weiter von c wegrücken, folglich auch der Punkt m parallel mit a b sich von c s hinwegbewegen, die Linie c m würde also mit c s einen größeren Winkel bilden, folglich der Aus= schlagwinkel und damit die Empfindlichkeit wachsen.

3) Das Gewicht des Wagbalkens muß ein möglichst geringes sein. Im Punkte d können wir uns das Gewicht der Lasten, in s das Gewicht des Wag= balkens vereinigt denken; je kleiner nun das letztere wird, desto näher wird offenbar der Gesammtschwerpunkt m gegen den Punkt d hinaufrücken, desto größer also der Winkel s c m werden. Aus dem letzten Grunde wendet man gewöhnlich durchbrochene Wagbalken an.

Was die beiden letzten Bedingungen betrifft, so sind dieselben natürlich immer an gewisse Grenzen gebunden,

die nicht überschritten werden dürfen, ohne daß die Wage
wegen der zu großen Länge der Wagbalken zu unbequem
für den Gebrauch würde, oder wegen ihrer Leichtigkeit die
nöthige Festigkeit verlöre.

XXIII. Lehrstunde.
Die Brückenwage und Schnellwage.

Da die Brückenwage zum Wägen größerer Lasten außer=
ordentlich bequem ist und auch deßhalb sehr viele Anwend=
ung findet, so dürfte es am Platze sein, dieselbe hier zu
beschreiben.

Die nachstehende Figur stellt die Einrichtung der Brücken=
wage schematisch dar.

Fig. 5.

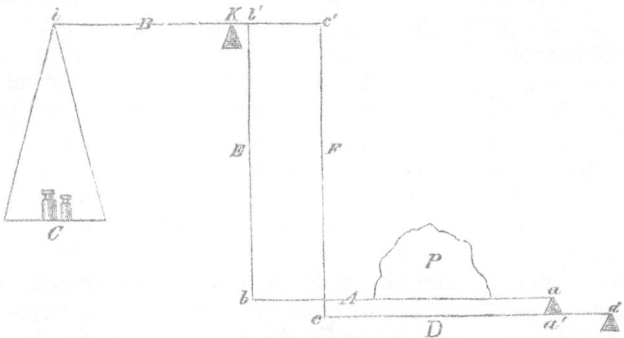

Die Last P liegt auf einem Brette A, welches bei a
auf einer Schneide ruht, bei b aber an einer Stange E
befestigt ist. Die Stange E ist bei b' an dem einen Arm
eines auf der Schneide k ruhenden Hebels angehängt.

Die Schneide a ruht auf einem Hebel D, dessen Dreh=
punkt bei d ist, und dessen anderes Ende c an einer bei c'
angehängten Stange F befestigt ist.

Die Hauptbedingung für die Brauchbarkeit dieser Wage
ist nun, daß sich k b' zu k c' genau ebenso verhält, wie d a'
zu d c, wenn also k c', wie es häufig der Fall ist, 5mal so
groß ist als k b', so muß auch d c genau 5mal so groß sein,

als da. Sobald diese Bedingung erfüllt ist, ist es ebenso, als ob die ganze Last an der Stange E angehängt wäre, welche Stelle auf dem Brett sie auch einnehmen mag.

Es läßt sich dies leicht beweisen. Ein Theil des Gewichtes der Last P drückt auf die Schneide a, ein Theil zieht an der Stange E. Bezeichnen wir mit q den Druck auf die Schneide a, mit p den Zug an der Stange E, so ist p + q = P.

Die Last q, welche auf die Schneide a drückt, wirkt an dem Hebelarm a'd; ist nun cd = 5. a'd, so wirkt die in a' drückende Kraft q gerade so, wie eine bei c oder c' niederziehende Kraft $\frac{q}{5}$ (Hebelgesetz).

An dem Hebel B ziehen also rechts von der Schneide k zwei Kräfte, nämlich bei b' die Kraft p, bei c' aber die Kraft $\frac{q}{5}$.

Die Kraft $\frac{q}{5}$, welche in c' angreift, wirkt aber nach dem Hebelgesetz gerade so wie eine 5mal größere Kraft, welche bei b' hängt, weil kc'= 5. kb', also gerade so, als ob bei b' die Last 5. $\frac{q}{5}$ = q hinge; in b' ziehen also die beiden Kräfte p und q abwärts und es ist also gerade so, als ob an der Stange E die ganze Last P aufgehängt wäre.

Am linken Ende des Hebels B ist die Wagschale bei i angehängt, auf welche die Gewichte gelegt werden. Wenn, wie es gewöhnlich der Fall ist, ik zehnmal so groß ist als k b', so ist das Gewicht $^1/_{10}$ der Last, und die Wage heißt alsdann eine Dezimalwage.

Nachdem im Vorhergehenden die Wirksamkeit der Brückenwage gezeigt wurde, sollen die Figuren 7 und 8 die Construktion derselben noch etwas näher versinnlichen.

Der zu wiegende Körper wird auf die Platte AB, Brücke der Wage genannt, gelegt, deren einer Rand in BC aufwärts gerichtet ist. Diese Platte, welche mit dem Stücke D in fester Verbindung steht, stützt sich einerseits in E auf den Hebel FG und ist bei H in einen Ring eingehängt, in welchem die Stange HK endigt. Der Hebel FG ist um den Punkt F beweglich und ist bei G an dem untern Ende der Stange GL befestigt. Die zwei Stangen HK

Maße und Gewichte. 8

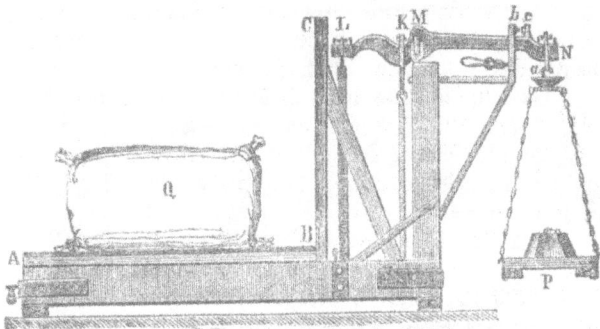

Fig. 6.

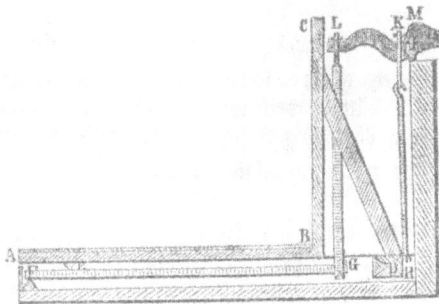

Fig. 7.

und GL sind ihrerseits wieder in ihren obern Endpunkten
K und L an dem Hebel LN aufgehängt, welcher um den
Punkt K drehbar ist; dieser Hebel trägt in N eine Wag=
schale, die zur Aufnahme der Gewichte dient. Ueber die
Größenverhältnisse der einzelnen Dimensionen wurde bereits bei
der obigen Auseinandersetzung das Nothwendige erwähnt. —

Die Schnellwage erfordert bei ihrer Anwendung immer
nur ein Gewicht, und sie ist deßhalb sehr bequem. Sie
besteht aus einem Hebel, der in einem Punkte aufgehängt
ist; an dem einen Ende ist eine Wagschale zur Aufnahme
der Last befestigt, an dem andern Hebelarm dagegen ist ein

Gewicht, das sogenannte Laufgewicht, verschiebbar. Es sind also bei dieser Wage der Lastarm, sowie die Kraft constant, und der Last wird durch Veränderung des Kraftarmes das Gleichgewicht gehalten.

AB sei der Hebel, der im Punkte C aufgehängt und um denselben beweglich ist. In dem Punkte A ist ein Hacken oder eine Wagschale angebracht. Ein Bügel D, welcher längs AB verschoben werden kann, trägt das Laufgewicht Q. Der zu wiegende Körper wird an dem Hacken aufgehängt und das Laufgewicht verschoben, bis Gleichgewicht eintritt, bis also der Hebel AB horizontal steht. Der Hebelarm BC wurde vorher in geeigneter Weise eingetheilt, d. h. diejenigen Punkte bestimmt, an welche der Bügel zu stehen kommt, wenn der an dem Hacken aufgehängte Körper 1^k, 2^k, 3^k ꝛc. wiegt.

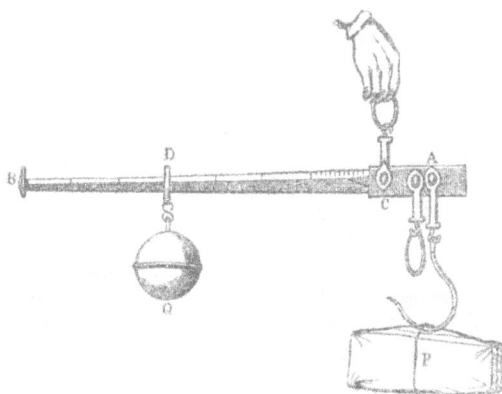

Fig. 8.

Die Schnellwage ist, wie in unserer Figur, häufig mit zwei Ringen versehen, an denen sie aufgehängt werden kann; alsdann muß der Hacken bei A um das äußere Ende des Hebels gedreht werden können, so daß er stets nach unten gerichtet ist. Wenn man weniger schwere Körper zu wiegen hat, so hängt man die Wage wie in der Figur an dem Ring auf, der von C weiter entfernt ist; sollen größere

8*

Lasten gewogen werden, so kehrt man die Wage um und hängt sie an dem Ring auf, der näher an C liegt; dadurch wird der Hebelarm der Last verkleinert.

Auf weitere Wagen, wie Federwagen, Zeigerwagen, Roberval'sche Wagen u. s. w. einzugehen, verbietet der Zweck vorliegender Arbeit.

XXIV. Lehrstunde.
Verschiedene Arten des Wägens.

Nachdem im Vorhergehenden die Einrichtung der Wage beschrieben wurde, wird der Lehrer nun seinen Schülern die Art ihrer Anwendung zeigen.

Die einfache Wägung besteht darin, daß man auf die eine Wagschale den Körper legt, dessen Gewicht bestimmt werden soll, und auf die andere so viele Gewichte, bis Gleichgewicht hergestellt ist, was man an der horizontalen Lage des Wagbalkens erkennt. Man findet auf diese Weise das wahre Gewicht des Körpers, wenn die beiden Wag= balkenarme genau gleich lang sind; es ist aber schwierig, dieser Bedingung zu genügen, und man wird immer eine kleine Differenz erhalten, die um so bemerkbarer wird, je größer die Last ist, die gewogen werden soll.

Wenn die Wage nicht vollständig richtig ist, so kann man folgendes Verfahren anwenden: man wiegt den Körper nacheinander in beiden Wagschalen und nimmt das Mittel der beiden erhaltenen Resultate. Erhält man z. B. bei der ersten Wägung 510 und bei der zweiten 514 Gramm, so wird das wahre Gewicht nahezu 512 Gramm sein.

Anmerkung. Nicht das arithmetische, sondern das geometrische Mittel wird nach dem Hebelgesetz das richtige Gewicht liefern, d. h. man muß, um dieses zu erhalten, aus dem Produkt der gefundenen Gewichte die Quadratwurzel ziehen.

Der Lehrer wird sich ferner mit den doppelten Wägungen beschäftigen, die bei genauen Gewichtsbestim= mungen zur Verwendung kommen. Er legt zuerst den zu bestimmenden Körper auf die eine Wagschale und auf die andere irgend welche Gewichte und stellt das Gleichgewicht durch Hinzufügung von kleinen Körpern genau her. Dann entfernt er den Körper und legt an seine Stelle Gewichte ein, bis sich die Wage wieder im Gleichgewichtszustande befindet. Diese Gewichte werden alsdann das Gewicht des Körpers angeben, auch wenn die Wage nicht vollständig richtig wäre, d. h., wenn die beiden Wagbalkenarme nicht genau gleich lang wären.

Bei doppelten Wägungen bedient man sich zu diesem Zwecke gewöhnlich der Bleischrote, die man, um das Rollen derselben zu vermeiden, mit einem Hammer abgeplattet hat. Diese Schrote, die ebenso wie die kleinen Gewichte mit einer Pincette eingelegt werden, sind meist in einer kleinen Vertiefung des Stativs der Wage enthalten. Manchmal wendet man auch feinen Sand an.

Wenn man die Gewichte sehr verschieden schwerer Körper genau bestimmen soll, so wird dazu eine Wage nicht ausreichen, da wir schon gesehen haben, daß die Empfind= lichkeit der Wage mit dem Wachsen der Belastung abnimmt; der Grund liegt darin, daß die Biegung des Wagbalkens mit der Belastung sich vermehrt. Es ist alsdann nicht mehr möglich, diese verschiedenen Wägungen durch Addition oder Subtraktion mit einander zu verbinden, die letzten Theile des Grammes werden verschwinden gegen das Kilo= gramm und seine Vielfachen.

Um diesem Uebelstande zu begegnen, hat man eine dritte Methode der Wägung erdacht, welche Wägung mit co= stantem Gewicht heißt, und dazu wurden für Physiker und Chemiker sehr einfache Wagen construirt, welche dieser neuen Methode angepaßt sind.

Will man z. B. Wägungen bis zu 10 Kilogramm bei einer Genauigkeit von einem Dezigramm ausführen, so nimmt man dazu einen Wagbalken, der stark genug ist, um eine Belastung von 10 Kilogramm an beiden Enden zu tragen. In dieser Lage des Wagbalkens corrigirt man die Biegung desselben, indem man eine der Schneiden in der Art in die Höhe rückt, daß sie mit den beiden andern in eine gerade Linie zu liegen kommt, und daß die Wage bei einem Dezigramm noch einen Ausschlag gibt; alsdann wer= den die drei Schneiden an ihrer Stelle befestigt.

Um nun einen Körper zu wiegen, dessen Gewicht kleiner ist als 10 Kilogramm, läßt man auf der einen Wagschale die constante Belastung von 10 Kilogramm, legt auf die andere den Körper und beliebige Gewichte, bis Gleichgewicht hergestellt ist; alsdann nimmt man den fraglichen Körper heraus, und stellt das Gleichgewicht durch hinzugelegte geeichte Gewichte wieder her; diese geben das Gewicht des Körpers, derselbe mag leicht oder schwer sein, mit einer Genauigkeit auf 1 Dezigramm an. Oder besser, man sucht ein für alle Male die Tara von 10 Kilogramm; dieselbe läßt man auf der einen Wagschale liegen, legt auf die andere den zu wiegenden Körper und bringt die Wage durch Hinzulegen der nothwendigen geeichten Gewichte ins Gleichgewicht; die Differenz aus 10 Kilogramm und diesen letzten Gewichten gibt alsdann das Gewicht des Körpers, so daß man zur Bestimmung desselben immer nur eine Wägung vorzunehmen braucht.

XXV. Lehrstunde.
Prüfung der Gewichte.

Der Lehrer wird den größten Theil dieser Lehrstunde den Wägungen widmen, die er durch die Schüler ausführen läßt.

Zugleich zeigt er denselben die Art der Berechnung der Gewichte, die bei der Wägung eines Körpers zur Verwendung kommen. Nehmen wir an, die aufgelegten Gewichte seien folgende:

1	Kilogramm		1000	Gramm
1	Gewicht von	500	Gramm	500	„
1	„ „	200	„	200	„
1	„ „	100	„	100	„
1	„ „	20	„	20	„
1	„ „	10	„	10	„
1	„ „	2	„	2	„
1	„ „	1	„	1	„
1	Gewicht von	5	Dezigramm	0,5	„
1	„ „	1	„	0,1	„

1 Gewicht von 2 Zentigramm	0,02	Gramm
1 „ „ 1 „	0,01	„
1 Gewicht von 5 Milligramm	0,005	„

ſo hat man in Summa 1833,635 Gramm.

Weiter beſtimmt der Lehrer Gewichte, welche die Schüler alsdann zuſammenſtellen müſſen; er verlangt z. B. eine Wägung von 837 Gramm 23 Zentigramm, ſo werden dazu folgende Gewichte nothwendig ſein:

Das Gewicht von 500 Gramm
„ „ „ 200 „
„ „ „ 100 „
„ „ „ 20 „
„ „ „ 10 „
„ „ „ 5 „
„ „ „ 2 „
„ „ „ 2 Dezigramm
„ „ „ 2 Zentigramm
„ „ „ 1 Zentigramm.

Ferner ſeien noch zuſammenzuſtellen:

1254 Gramm 57 Zentigramm
608 Gramm 19 Zentigramm
510 Gramm 276 Milligramm
86 Gramm 53 Milligramm.

Wenn die Gewichte der Feuchtigkeit ausgeſetzt ſind, ſo werden ſie beträchtlich ſchwerer; die eiſernen roſten dabei, d. h. der Sauerſtoff der atmoſphäriſchen Luft verbindet ſich mit dem Eiſen zu Eiſenoxyd. Entfernt man dieſen Roſt, ſo verlieren natürlich dadurch die Gewichte ihren richtigen Werth.

Es folgt daraus, daß man die Gewichte ſtets an einem trockenen Ort aufbewahren muß. Man darf ſie nicht oft abtrocknen, noch weniger aber mit einem harten Stoff reiben. Es genügt z. B. um bei einem Kilogramm von Meſſing einen Verluſt von 1 Milligramm beizuführen, wenn man daſſelbe einige Minuten, ſelbſt mit einem reinen Lappen reibt.

Um den Gleichgewichtszustand einer Wage zu erkennen, ist es nicht nothwendig das Ende der Schwingungen des Wagbalkens abzuwarten; sondern nur bis die Schwingungen nach beiden Seiten hin gleich groß sind, was die Zunge der Wage auf dem eingetheilten Gradbogen anzeigt.

Der Lehrer beschließt diese Lehrstunde mit einer Uebung in den einfachen und doppelten Wägungen, die er durch die Schüler ausführen läßt.

Er wird alsdann die Gleichheit zweier Kilogramme von Messing und Eisen prüfen, hierauf mittelst derselben die Genauigkeit des 2 Kilogrammgewichtes. Nachdem er drittens die Tara von 2 Kilogramm hergestellt hat, legt er dieselbe nebst dem 2 Kilogrammgewichte und einem Kilogramm zusammen auf eine Wagschale, um die Richtigkeit des 5 Kilogrammgewichtes zu bestätigen. Viertens dient dieses nebst den vorhergehenden Gewichten zur Prüfung des 10 Kilogrammgewichtes.

XXVI. Lehrstunde.

Das Kilogramm als Einheit zur Bestimmung des Feingehaltes von Gold und Silber.

Gold und Silber werden nicht im reinen Zustande, sondern in Legirungen verarbeitet; darunter versteht man durch Schmelzen erhaltene, gleichartige Gemische von Gold und Silber unter sich oder mit anderen Metallen.

Gold und Silber im reinen Zustand, ohne Zusatz, heißen fein, das Gewicht des feinen Metalles nennt man ein feines, das Gewicht des legirten Metalles dagegen wird rauhes oder Brutto-Gewicht genannt.

Die Menge Feinmetall, welche in einer Legirung enthalten ist, heißt man das Feingewicht oder die Feine, die Menge Feinmetall, welche in der Gewichtseinheit enthalten ist, den Feingehalt der Legirung.

Bei Gold und Silber wurde bisher als Einheit die Mark zu Grunde gelegt; beim Silber wurde dieselbe in 16 Loth und das Loth in 18 Grän getheilt, beim Gold dagegen die Mark in 24 Karat und das Karat in 12

Grän. 15farätiges Gold war eine Legirung, die in der Mark 15 Karat Feingold und 9 Karat Zusatz enthielt.

Nach Einführung der neuen Maße und Gewichte wird ein besonderes Gold-, Silber-, Juwelen= und Perlen= gewicht nicht mehr angewendet, sondern das Kilogramm bildet fortan auch hier die Einheit für Gewichtsbestimm= ungen.

Der Feingehalt für Gold und Silber wird nur mehr nach Tausendtheilen angegeben und Feingold und Fein- silber mit $\frac{1000}{1000}$ bezeichnet. Eine Silberlegirung von $\frac{620}{1000}$ Feingehalt ist dann eine solche, welche in 1000 Theilen 620 Theile Feinsilber und 380 Theile Zusatz enthält.

Diese neue Gehaltsangabe läßt sich leicht in die bis- herige verwandeln, wenn man sich die Eintheilung der Mark bei letzterer vergegenwärtigt, z. B.:

Silber von $\frac{720}{1000}$ Feingehalt entspricht dem Gehalte von 11 Loth 9$\frac{1}{2}$ Grän (ungefähr),

denn 0,720 Mark = 0,720 × 16 = 11,52 Loth
0,52 Loth = 0,52 × 18 = 9,36 Grän,
also 0,720 Mark = 11 Loth 9,36 Grän.

Ferner Gold von $\frac{640}{1000}$ Feingehalt entspricht dem Gehalt von 15 Karat 4$\frac{1}{3}$ Grän;

denn 0,640 Mark = 0,640 × 24 = 15,36 Karat,
0,36 Karat = 0,36 × 12 = 4,32 Grän,
also 0,640 Mark = 15 Karat 4,32 Grän.

Die Umwandlung der bisherigen Gehaltsangabe in die neue ist ebenfalls ganz einfach; man wird zuerst die Unter= abtheilungen der Mark als Bruchtheil derselben anschreiben und den Bruch in einen Dezimalbruch verwandeln.

Z. B. Silber von 10 Loth 5 Grän Feingehalt ist nach der neuen Bezeichnung Silber von $\frac{642}{1000}$ Feingehalt; denn

$$10 \text{ Loth } 5 \text{ Grän} = \frac{10\frac{5}{18}}{16} \text{ Mark}$$
$$= \frac{185}{288} = 0,642 \text{ Mark}$$
$$= 642 \text{ Tausendtheilen}$$

Gold von 18 Karat 4 Grän ist nunmehr Gold von $\frac{764}{1000}$ Feingehalt; denn

$$18 \text{ Karat } 4 \text{ Grän} = \frac{18\frac{1}{3}}{24} = \frac{55}{72} = 0{,}764 \text{ Mark}$$

$$= 764 \text{ Tausendtheilen.}$$

Manchmal läßt man die Benennung Tausendtheile ganz weg und sagt z. B. der Feingehalt der Vereinsthaler ist 900, oder die Vereinsthaler halten 900.

Silber und Gold von vorgeschriebenem Feingehalt heißt Probsilber und Probgold.

In Bayern war bisher der gesetzliche Gehalt des Probesilbers 13 Loth, verarbeitetes Gold durfte nicht unter 14 Karat fein sein. Die Verordnung vom 28. Oktober 1868, den Feingehalt und die Probe von Gold- und Silberwaaren betreffend, hebt die bisherigen Verordnungen auf und gestattet den Verkauf dieser Waaren in jedem Mischungsverhältniß; nur dürfen solche mit keinem Feingehaltsstempel versehen sein, wenn sie in Gold nicht mindestens $\frac{580}{1000}$ ($13\frac{1}{12}$ Karat), in Silber nicht mindestens $\frac{800}{1000}$ ($12\frac{4}{5}$ Loth) fein enthalten.

Unter dem **Feinrechnen** versteht man die Bestimmung des Feingewichts oder der Feine einer Legirung aus dem Bruttogewicht und dem Feingehalt derselben.

Diese Rechnungen werden sich bei Zugrundelegung des Kilogramm als Einheit und der Zerlegung desselben in Tausendtheile sehr einfach stellen.

Man erhält immer das Feingewicht einer Legirung, wenn man das gegebene Gewicht mit dem Feingehalt multiplicirt und durch Tausend dividirt.

Z. B. die Vereinsthaler halten 900 fein, wie viel Feinsilber ist in 40 Kilogramm Vereinsthaler enthalten?

$$\frac{40.900}{1000} = 36 \text{ Kilogr. Feinsilber.}$$

Wie viel Feingold ist in 0,15 Kilogr. Gold von 620 T. fein enthalten?

$$\frac{0{,}15.620}{1000} = 0{,}093 \text{ Kilogr. Feingold.}$$

Nachdem die Feine einer Gold- oder Silber-legirung bestimmt ist, so findet man ihren Geld-werth, wenn man die Feine mit dem marktüb-lichen Preise des Feingoldes oder Feinsilbers, wie ihn die Kursblätter angeben, multiplicirt.

Z. B.: Welchen Werth hat eine Silberplansche von 1,5 Kilogr. Gewicht und 980 T. Feingehalt, wenn das Münzpfund (½ Kilogr.) Feinsilber zu 52 fl. 6 kr. notirt ist.

Der Feingehalt ist $\dfrac{1,5.980}{1000}$ also der

Geldwerth $\dfrac{1,5.980.}{1000}$ 104,2

$= 153$ fl. 10 kr.

Auch die Legirungsrechnungen gestalten sich unter Annahme des Kilogrammes als Einheit sehr einfach.

Die Aufgabe der Legirungsrechnung ist bekanntlich eine doppelte:

1) Man sucht, welchen Feingehalt eine Legirung er-hält, die durch Zusammenschmelzen mehrerer Legirungen von bekanntem Rauhgewicht und verschiedenen, jedoch be-kannten Feingehalten hergestellt wird.

2) Man sucht, in welchen Mengen-Verhältnissen müssen Legirungen von verschiedenen, jedoch bekannten Feingehalten zusammengeschmolzen werden, wenn eine neue Legirung von bekanntem Feingehalt erlangt werden soll?

Beispiele:

1) Man schmilzt zusammen 1,52 Kilogr. Silber 820 T. f., 2,56 Kilogr. Silber 540 T. f. und 0,75 Ki-logramm Silber 650 T. f. Welchen Feingehalt erhält die Legirung?

1,52 Kil. enth. $1,52 \times 820 = 1246,4$ Tausendth.
2,56 Kil. „ $2,56 \times 540 = 1382,4$ „
0,75 Kil. „ $0,75 \times 650 = 487,5$ „

also 4,83 Kil. enth.   3116,3 Tausendth.

folgl. 1 Kilogr. enthält $\dfrac{3116,3}{4,83} = 645$ Tausendth.

2) Wenn man 5,25 Kil. österr. Zwanziger à 583 T., 2,78 Kil. Fünffrankenthaler à 900 T., 3,27 Kil. Kronenthaler à 872 T. und 1,05 Kil. abgeschliffene Sechser à 333 T. zusammenschmilzt, welchen Feingehalt erhält die Legirung?

5,25 Kil. enthalten 5,25 × 583 = 3060,75 Tausendth.
2,78 Kil.   „   2,78 × 900 = 2502,0   „
3,27 Kil.   „   3,27 × 872 = 2851,44   „
1,05 Kil.   „   1,05 × 333 = 349,65   „

also 12,35 Kil. enthalten   8763,84 Tausendth.

folglich 1 Kil. enthält $\dfrac{8763,84}{12,35} = 709$ Tausendth.

Um also den Feingehalt der Legirung zu bestimmen, rechnet man die Feingewichte der dazu verwendeten Legirungen in Tausendtheilen und dividirt die Summe derselben durch die Summe der Rauhgewichte.

3) Man hat zwei Goldsorten, die eine 640 T., die andere 420 T. fein; man will eine Legirung von 500 T. Feingehalt herstellen; wie viele Gewichtstheile braucht man von jeder Sorte?

Man braucht

640 − 500 = 140 Theile von der schlechtern Sorte
500 − 420 = 80   „   „   „   besseren   „

oder man braucht 7 Theile zu 420 T. fein
                 4 Theile zu 640 T. fein;

denn 7 Gewichtsth. zu 420 T. enth. 2940 Tausendtheile
     4   „   „   640 T.   „   2560   „

11 Gewichtsth.   enthalten   5500 Tausendtheile

1 Gewichtsth. enthält also $\dfrac{5500}{11} = 500$ Tausendth.

4) Aus Silber von 900 T. fein soll durch Zusatz von Kupfer eine 0,45 Kil. schwere Legirung von 800 T. Feingehalt hergestellt werden; wie viel von jedem Metall ist erforderlich?

Man braucht 900 − 800 = 100 Gew.-Th. Kupfer
            800 − 0 = 800   „   Silber

oder 8 Gewichtsth. Silber und 1 Gewichtsth. Kupfer, also

$$0,45 . \tfrac{8}{9} = 0,4 \text{ Kil. Silber,}$$
$$0,45 . \tfrac{1}{9} = 0,05 \text{ Kil. Kupfer; denn}$$

0,4 Kil. Silber à 900 enth. $0,4 \times 900 = 360,0$ Tausendth.	
0,05 Kil. Kupfer à 0 enth. $0,05 \times 0 = 0$ „	
0,45 Kil. enth.	360,0 Tausendth.

$$1 \text{ Kilogr. enthält } \frac{360}{0,45} = 800 \text{ Tausendth.}$$

Um die Gewichtsmengen, die von zwei gegebenen Legirungen von bekannten Feingehalten genommen werden müssen, um eine neue von verlangtem Feingehalt zu erhalten, bilde man die Differenzen zwischen letzterem und jedem der beiden erstern. Die Differenz zwischen dem verlangten Feingehalt und dem Feingehalt der einen Legirung gibt immer die Anzahl der Gewichtstheile, die von der anderen Legirung genommen werden müssen.

In Betreff der weiteren Ausführung ähnlicher Rechnungen muß auf die Lehrbücher der Arithmetik verwiesen werden; es sollte hier nur die Anwendung des Kilogrammes als Einheit und die Theilung in Tausendtheile gezeigt werden.

XXVII. Lehrstunde.
Vergleichung der Gewichte mit den Körpermaßen.

Man bezeichnet mit dem Namen Tara das Gewicht, welches dazu dient, ein Gefäß, in dem eine Frucht oder eine Flüssigkeit gewogen werden soll, ins Gleichgewicht zu bringen.

Will man z. B. 500 Gramm Oel abwägen, so stellt man auf die eine Wagschale ein hinreichend großes Gefäß, das durch Gewichte auf der andern Wagschale ins Gleichgewicht gebracht wird; diese heißen die Tara des Gefäßes. Alsdann legt man der Tara noch 500 Gramm hinzu und gießt nach und nach so viel Oel ins Gefäß, bis der Gleichgewichtszustand der Wage eingetreten ist, so hat man damit 500 Gramm Oel abgewogen.

Wollte man das Gewicht einer Flüssigkeit finden, welche irgend ein Gefäß zu fassen vermag, so bestimmt man zuerst die Tara des Gefäßes, alsdann das Gewicht des mit Flüssigkeit gefüllten Gefäßes. Die Differenz aus dem letztern und erstern Gewicht gibt das Gewicht der Flüssigkeit.

Wie wir in Nr. 13 gesehen haben, zieht sich die Flüssigkeit an den Rändern des Gefäßes in die Höhe; sobald sie aber am obern Rande angelangt ist, wird die Oberfläche eine convexe und dieser Ueberschuß von Flüssigkeit kann bei Wasser bis auf $\frac{1}{60}$ des ganzen Inhaltes steigen, wenn dasselbe im Zinn=Liter gemessen wird. Dieser Umstand bildet eine der Ursachen, warum bei den Flüssigkeits=maßen die Höhe größer ist als der Durchmesser, weil sich dieser Ueberschuß mit der obern Fläche des Maßes ver-mindert.

Bei den Trockenmaßen kann sich dieser Ueberschuß noch höher belaufen, wenn dieselben in konischer Form abgemessen werden; man kann denselben aber hier durch das Abstreich-holz heben, welches eben diesen Ueberschuß wegnimmt, der bei Hirse ein Neuntel des ganzen betragen kann.

Will man das Gewicht einer Flüssigkeit, die ein Gefäß erfüllt, genau haben, so verfährt man in folgender Weise:

Man nimmt eine ebene Glasplatte zu Hilfe, mittelst welcher man das vorgesetzte Gefäß vollständig verschließen kann, und bestimmt die Tara desselben und der Glasplatte; hierauf füllt man das Gefäß vollständig und schiebt über den Rand des Gefäßes die Glasplatte hin, welche den Ueberschuß der Flüssigkeit entfernt.

Die Operation ist gelungen, wenn man unter dem Glas keine Luftblase sieht. Alsdann ist klar, daß die Oberfläche der Flüssigkeit eben und in gleicher Höhe mit den Rändern des Gefäßes ist. Trocknet man hierauf die äußere Wand des Gefäßes ab, wiegt dasselbe und subtrahirt die Tara, so erhält man das Gewicht der im Gefäß ent-haltenen Flüssigkeit.

Es wurde bereits in Nr. 17 auf den innigen Zu-sammenhang zwischen dem metrischen Körpermaß und Ge-wicht hingewiesen. Da ein Kubikdezimeter oder Liter Wasser 1 Kilogramm wiegt, so findet man das Gewicht

der Wassermenge, welche irgend ein Gefäß erfüllt, in Kilo=
grammen ausgedrückt, wenn man den Kubikinhalt desselben
in Kubikdezimetern berechnet.   So viele Kubikdezi=
meter der Inhalt beträgt, so viele Kilogramme
wiegt die Wassermenge, welche denselben aus=
füllt.

Ebenso ergibt sich aus dem Früheren:

So viele Kubikzentimeter der Inhalt eines
Gefäßes beträgt, so viele Gramm wiegt die
dasselbe erfüllende Wassermenge und so viele
Kubikmeter der Inhalt eines Gefäßes beträgt,
so viele Tonnen (1000 Kgr) wiegt die Wasser=
menge, welche das Gefäß faßt.

Z. B. ein Wasserbehälter sei 1 Meter 2 Dezimeter
lang, 8 Dezimeter breit, 4 Dezimeter tief, so ist sein
Inhalt $12 \times 8 \times 4 = 384$ Kubikdezimeter; der Behälter
faßt also 384 Liter Wasser und diese wiegen 384 Kilo=
gramm.

Ebenso kann man umgekehrt aus dem gegebenen Ge=
wicht einer Wassermenge den Inhalt derselben finden; der=
selbe wird so viele Liter oder Kubikdezimeter enthalten, als
das Gewicht in Kilogrammen beträgt. Will man z. B.
den Inhalt einer Flasche genau bestimmen, so wiegt man
sie zuerst leer; ihr Gewicht sei 300 Gramm; dann füllt
sie vollständig mit Wasser und wiegt wieder. Beträgt jetzt
das Gewicht der gefüllten Flasche 1300 Gramm, so ist
das Gewicht der Wassermenge 1000 Gramm oder 1 Kilo=
gramm; die Flasche hält also genau 1 Liter.

In der nächsten Nummer wird dieser Zusammenhang
zwischen Volumen und Gewicht auch auf andere Körper
als Wasser ausgedehnt werden.

XXVIII. Lehrstunde.
Dichtigkeit der Körper; spezifisches Gewicht; Bestimmung ihres Rauminhaltes.

Wir haben im Vorhergehenden gesehen, daß ein Liter
Wasser ein Kilogramm wiege, dabei aber vorausgesetzt, daß
das Wasser eine Temperatur von 4 Grad habe. Würde

seinen Gewichtsverlust in Wasser aufsucht. Der Quotient aus beiden gibt das spezifische Gewicht des fraglichen Körpers.

Es sei z. B. das absolute Gewicht eines Stückes Messing 900 Gramm; in Wasser untergetaucht wiege dasselbe 794 Gramm, so beträgt der Gewichtsverlust, also das Gewicht des verdrängten gleich großen Wasservolumens 106 Gramm. Das spezifische Gewicht des Messings ist sonach $\frac{900}{106} = 8,5$.

Auf demselben Princip beruht auch die Bestimmung des spezifischen Gewichtes flüssiger und luftförmiger Körper; die weitere Ausführung der verschiedenen Methoden, welche die verschiedene physikalische Beschaffenheit der Körper erheischt, sowie die Beschreibung der hiezu nothwendigen Apparate würde hier zu weit führen und muß den Lehrbüchern der Physik überlassen bleiben.

An dieser Stelle springt ein weiterer Vorzug des metrischen Systemes sofort in die Augen. Sobald nämlich das spezifische Gewicht eines Körpers bekannt ist, findet man unmittelbar sein Volumen. In unserm obigen Beispiel hatten 900 Gramm Messing dasselbe Volumen wie 106 Gramm Wasser; diese letzteren und also auch 900 Gramm Messing haben also ein Volumen von 106 Kubikzentimeter. Es ist sehr bemerkenswerth, wie man auf diese Weise einfach das Volumen eines noch so unregelmäßigen Körpers finden kann, welche Bestimmung auf geometrischem Wege häufig sehr schwierig, wenn nicht gar unmöglich sein würde.

Beachtet man den Zusammenhang zwischen Inhalt und Gewicht einer Wassermenge (1 Liter Wasser wiegt 1 Kilogramm) und hält dabei die Definition des spezifischen Gewichtes fest, so gelangt man zu folgender Regel: **Man findet immer das absolute Gewicht eines Körpers in Kilogrammen ausgedrückt, wenn man seinen Inhalt in Kubikdezimetern rechnet und mit dem spezifischen Gewicht multiplicirt.**

Z. B. eine rechteckige Eisenstange sei 1 Meter 5 Dezimeter lang, 8 Zentimeter breit und 5 Zentimeter dick; welches ist ihr Gewicht, wenn das spezifische Gewicht des Schmiedeeisens 7,8 ist.

Die Stange hat einen Inhalt von

$$15 \times 0{,}8 \times 0{,}5 = 6 \text{ Kubikdezimeter,}$$

folglich iſt ihr Gewicht $6 \times 7{,}8 = 46{,}8$ Kilogramm.

Umgekehrt findet man den Inhalt in Kubikdezimetern, wenn man das durch Kilogramme ausgedrückte Gewicht durch das ſpezifiſche Gewicht dividirt.

Z. B.: Eine Bleikugel, deren ſpez. Gewicht 11,35 iſt, wiege 20 Kilogramm; welches iſt ihr Kubikinhalt?

$$\text{Inhalt} = \frac{20}{11{,}35} = 1{,}762 \text{ Kubikdezimeter,}$$

$$= 1 \text{ Kubikdezimeter 762 Kubikzentimeter.}$$

Bei kleineren Körpern wird man den Inhalt in Kubikzentimetern, bei großen in Kubikmetern rechnen und erhält dann auf gleiche Weiſe das Gewicht bezüglich in Grammen und Tonnen ausgedrückt.

Tabelle der ſpezifiſchen Gewichte einiger Körper bei 0°.

Platin . . .	22,67	Sandſtein . .	2,35	Schwefelſäure,	
Gold	19,26	Granit . . .	2,80	concentrirte	1,85
Blei	11,35	Bergkryſtall .	2,68	Baumöl . .	0,92
Silber . . .	10,46	Porzellan . .	2,49	Alkohol, ab=	
Kupfer . . .	8,79	Bernſtein . .	1,08	ſoluter . .	0,79
Meſſing . .	8,40	Steinkohle . .	1,82	Schwefel=	
Arſenik . . .	8,31	Braunkohle .	1,20	äther . .	0,71
Zinn	7,29	Ziegel, gebr.	1,81		
Zink	7,04	Glas . . .	2,5–2,8	Luft . . .	0,0013
Gußeiſen .	7,21	Eichenholz, alt	1,17	Sauerſtoff	
Schmiedeiſen	7,79	Fichtenholz,		(atmoſphär.	
Stahl . . .	7,81	trocken . .	0,45	Luft = 1)	1,10
Kalkſtein,		Kork	0,24	Waſſerſtoff	0,069
dichter . .	2,45	Eis	0,92	Stickſtoff . .	0,97
Marmor. .	2,84	Queckſilber .	13,60	Kohlenſäure	1,52.

XXIX. Lehrſtunde.

Grenzen der Genauigkeit in den Meſſungen.

In der Theorie kann man eine abſtrakte Zahl mit beliebig vielen Ziffern anſchreiben; dieß iſt jedoch nicht mehr

9*

der Fall bei denjenigen Zahlen, denen wirkliche Messungen zu Grunde liegen; hier ist die Genauigkeit immer auf eine sehr geringe Anzahl von Ziffern beschränkt.

Sowie die Fabrikanten, welche die Maße herstellen, nicht im Stande sind, denselben eine unbegränzte Genauigkeit zu verleihen, so wird auch der Messende immer unvermeidliche Fehler begehen. Aus diesem doppelten Grunde sind die Zahlen, welche die Resultate einer Beobachtung ausdrücken, nur immer innerhalb sehr enger Grenzen richtig.

Um diese Ideen festzustellen, nehmen wir an, man hätte mit der Meßkette eine bestimmte Entfernung gemessen und dieselbe gleich 5346 Meter gefunden. Bei einer zweiten Messung derselben Entfernung wäre man z. B. auf 5348 und bei einer dritten auf 5343 Meter gekommen. Bei Anwendung aller denkbaren Vorsichtsmaßregeln wird sich also der Feldmesser auf die vierte Stelle nicht mehr verlassen können, welche in Wahrheit auch von geringer Wichtigkeit ist. Die Sache würde sich noch verschlimmert haben, wenn er die Messungen mit mehreren Ketten von verschiedenen Fabrikanten ausgeführt hätte.

Nehmen wir als zweites Beispiel die Theilung eines Meters an. Die erste Theilung in 10 gleiche Theile gibt die Dezimeter, die zweite die Zentimeter, die dritte die Millimeter, welche schon sehr klein sind. Wollte man ein Millimeter weiter in zehn gleiche Theile theilen, so würden die einzelnen Theilstriche schon nicht mehr von einander zu unterscheiden sein, so daß also auch hier in der Ausführung die Theilung bloß bis zur vierten Ziffer getrieben werden kann.

Vorausgesetzt also, daß der Fehler bei dem Meter, das wir als Maß anwenden, nur ein Zehntel Millimeter ausmache, so wird derselbe ein Millimeter auf 10 Meter, ein Zentimeter auf 100 Meter, ein Dezimeter auf 1000 Meter und endlich ein Meter auf 10000 Meter betragen, wozu alsdann noch die zufälligen Fehler hinzukommen.

Alles dieß liegt an unseren Mitteln der Beobachtung, an der Unvollkommenheit unserer Sinne und der Herstellung unserer Meßwerkzeuge. Man darf sich über diesen Gegenstand keiner Illusion hingeben, indem man bei den Resul=

taten von Messungen mehr Ziffern angibt, als wirklich genau durch die Meßwerkzeuge gefunden werden können. Unter Anwendung seiner Sinne und der Meßwerkzeuge kann der Mensch mit vollständiger Genauigkeit Maße bloß auf fünf Ziffern in der Astronomie, auf vier in der Geodäsie, auf drei in der Physik, Chemie und Meßkunst und auf zwei im gewöhnlichen Leben angeben.

Eine durch Messungen erhaltene Zahl, die durch viele Ziffern ausgedrückt ist, wie

$$734528$$

wird ein denkender Mensch nicht mit blindem Vertrauen annehmen, sondern er wird sich fragen, welches der Grad der Genauigkeit sei, den die Beobachtung, aus welcher jene Zahl hervorgeht, zulasse. Hat er alsdann gefunden, daß dieser Grad der Genauigkeit bloß drei Ziffern oder mit einiger Wahrscheinlichkeit auch noch die vierte Ziffer 5 zu= lasse, so wird er die beiden letzten überflüssigen Ziffern durch Nullen ersetzen, so daß er einfacher hat

$$734500.$$

Wäre man auf die Zahl 7345,28 gekommen, so würde man einfach den Bruch vernachlässigen und also 7345 erhalten; unter derselben Voraussetzung würde man statt 734,528 bloß 734,5 schreiben u. s. f., indem man immer nur 4 Ziffern, die eine wirkliche Bedeutung haben, beibehalten würde.

Die Grenzen, welche wir für die menschliche Genauig= keit festgesetzt haben, dürfen nicht im strengen Sinne des Wortes genommen werden; aber sie drücken eine Thatsache aus, die aus einer großen Anzahl von Versuchen hervorgeht. Die heutigen Astronomen stimmen in ihren Angaben über eine Beobachtung fast nie in der fünften Ziffer überein; die Gelehrten, welche die Gestalt und die Dimensionen der Erde bestimmt haben, sei es durch wirkliche Messungen oder durch Pendelbeobachtungen, weichen immer schon in der vierten Ziffer von einander ab; die Physiker stimmen selten in den Angaben über einen Versuch überein, wenn jene durch mehr als drei Ziffern ausgedrückt werden; die Che= miker endlich werden sich zufrieden stellen, wenn ihre Ana= lysen nur in den Tausendsteln differiren. Wenn das

Gegentheil eintritt, wenn die Versuche auf mehr Ziffern
stimmen, so hat man dieß dem Zufall zuzuschreiben; aber
diese zufälligen Uebereinstimmungen verschwinden fast immer
bei einer aufmerksameren Prüfung der Thatsachen und bei
einer Wiederholung der Versuche. Um unsern Lesern einen
Beweis von der Richtigkeit dieser Behauptung zu geben,
nehmen wir als Beispiel die Versuche über das Pendel, die
mit einer außerordentlichen Genauigkeit ausgeführt wurden.
Durch zwei Jahrhunderte hindurch hat man die Länge des
Sekundenpendels für Paris zu verschiedenen Malen bestimmt,
und man kennt die vierte Ziffer der Zahl, welche diese
Länge ausdrückt, noch nicht genau.   Nachfolgend stehen die
Resultate mit allen nothwendigen Correktionen versehen:

	Meter
Picard fand	0,994
Richer und Huygens	0,9942
Godin	0,99393
Bouguer	0,99418
Mairan	0,994032
Whiterust und Sabine	0,993877
Borda	0,993896
Biot und Mathieu	0,993915
Bessel	0,993781

Die Commission der Gewichte und Maße in Frankreich
hatte für das Meter eine Länge von 443,295936 paris.
Linien bestimmt; die Zusammenstellung aller Beobachtungen
gibt aber dafür eine Länge von 443,4 Linien, welche gegen
die vorige in der vierten Stelle differirt.

Ohne Zweifel ist es nothwendig, alle Angaben mit der
größt möglichsten Genauigkeit zu machen; aber es ist ebenso
nothwendig, daß diese Genauigkeit immer eine wirkliche
Thatsache sei, daß sie nicht eine scheinbare oder gar eine
falsche werde: scheinbar dadurch, daß man sich nicht selbst
Rechenschaft von den unvermeidlichen Beobachtungsfehlern
gibt, falsch dadurch, daß man absichtlich und mit Ueber-
zeugung alle Grenzen des Möglichen überschreitet, einfach
um frühere Beobachter, die denselben Weg eingeschlagen
haben, nachzuahmen.

XXX. Lehrstunde.

Fortsetzung.

Ein weiterer Mißbrauch mit den Zahlen geschieht häufig bei Einführung des metrischen Maßsystemes.

Die Reduktionen der alten Maße in die neuen und umgekehrt werden häufig mit einer solchen Masse von Dezimalstellen durchgeführt, daß die erhaltenen Resultate eine Genauigkeit angeben würden, wie sie niemals durch Messungen erhalten werden kann. Dadurch wird die Einfachheit des metrischen Systems entschieden beeinträchtigt, und die Einführung erschwert.

Wenn die Lehrer, welche dafür Sorge zu tragen haben, daß die metrischen Maße in unsern Schulen eingeführt werden, auch Erfolge erzielen wollen, so ist es nothwendig, daß sie die alten Maße mit ihren Reduktionen in die neuen so weit als möglich unberücksichtigt lassen; denn diese Vergleichungen und Reduktionen sind für unsere Geschäftsleute und für Alle, welche den Uebergang vom alten zum neuen System im Verkehr mitmachen, nothwendig, dagegen nicht für unsere Schüler. Für diese gilt es, das metrische System vollständig zu erfassen, und bis diese sich der Maße im Verkehr bedienen werden, wird das neue System das alte verdrängt haben, und sie werden nicht gezwungen sein, auf das alte zurückzugehen.

Es ist aber auch weiter nothwendig, daß die Lehrer in den Rechnungsbeispielen, die sie ihren Schülern geben, sich auf drei oder vier Ziffern beschränken aus den Gründen, die wir oben angegeben haben, und noch um so mehr, als die Maße des Verkehres nicht mit dieser Genauigkeit geeicht sind, als die hiefür aufgestellten Beamten Maße für richtig bezeichnen, deren Fehler Tausendstel ja selbst Hundertel derselben betragen.

Es ist drittens jedenfalls vortheilhaft, wenn sich die Lehrer bei diesem Uebergang zum neuen Maßsystem in der Handhabung der Maße üben, indem sie alle in diesem Werke angeführten Versuche durchmachen, um sie vor den Augen der Schüler zu wiederholen.

Was die Regeln des Calculs betrifft, die dabei zu befolgen sind, so finden sich diese in nachstehenden Sätzen, deren Beweise leicht zu führen sind:

1) Die Summe mehrerer Zahlen hat nicht mehr sichere Ziffern als die einzelnen Summanden; die erste unsichere Ziffer dieser Summe entspricht den ersten unsichern Ziffern, die sich in einem Summanden befinden.

2) Dieselbe Regel gilt für die Subtraktion.

3) Das Produkt zweier oder mehrerer Zahlen hat nicht mehr sichere Ziffern, als der Faktor, der die wenigsten sichern Ziffern hat.

4) Die ähnliche Regel gilt für die Division.

5) Keine Potenz einer Zahl kann mehr sichere Ziffern enthalten als die Zahl selbst.

6) Die gleiche Regel gilt für Quadratwurzeln, Kubikwurzeln ꝛc.

7) Das Resultat einer mehr oder weniger zusammengesetzten Rechnung hat nicht mehr sichere Ziffern als diejenige von den angewandten Zahlen, die deren am meisten hat und nicht weniger, als diejenige der vorkommenden Zahlen, die deren am wenigsten hat.

8) Um die Arbeit abzukürzen, kann man am Ende einer jeden Rechnungsoperation die nach der vierten Ziffer folgenden weglassen, indem man diese letztere um 1 erhöht, wenn die fünfte Ziffer 5 oder mehr als 5 ist.

Das Vorhergehende gilt natürlich nur für Zahlen, welche wirklichen Messungen oder Wägungen entnommen werden, und nicht für abstrakte Zahlen, deren Genauigkeit keine Grenzen hat.

Wenn in Rechnungen bloß abstrakte Zahlen vorkommen, so darf weder während, noch nach der Rechnung irgend etwas weggelassen werden; kommen sie dagegen in Verbindung mit Zahlen, die aus Messungen oder Wägungen entnommen sind, so verlieren sie diese Genauigkeit.

Die Lehrer werden ihr Augenmerk noch endlich darauf richten, die Erklärung des neuen Systemes der Maße und Gewichte so viel als möglich zu vereinfachen, und nicht durch eine zu große Anzahl von Namen die Einführung zu erschweren, wie es bereits in mehreren erschienenen Uebungsbüchern der Fall ist. Die gesetzlich beibehaltenen Bezeichnungen sind für den Verkehr vollständig genügend.

Es mögen hier noch die Fehlergrenzen, die an den Maßen und Gewichten zulässig sind, Platz finden. Es ist selbstverständlich, daß man die Maße und Gewichte nicht mit vollständiger Genauigkeit herstellen kann, sondern daß stets kleine Differenzen auftreten werden; die höchsten zulässigen Fehler sind:

1) Bei Maßstäben aus Holz nur in Zentimeter getheilt:

1,0 Millimeter für das Meter
0,75 „ „ „ halbe Meter
0,4 „ „ „ Doppeldezimeter.

2) Bei Hohlmaßen dürfen höchstens folgende Abweichungen vorkommen:

Für eine Maßgröße von	Bei Maßen aus Metall	Bei Maßen aus Holz
2 HL bis 1/4 HL	1/500 des Sollinhaltes	1/250 des Sollinhaltes
20 L bis 1 L	1/400 „ „	1/200 „ „
0,5 L bis 0,2 L	1/200 „ „	1/100 „ „
1/8 L bis 0,02 L	1/100 „ „	1/50 „ „

3) Bei Gewichten.

Die Gewichte werden bloß geeicht, wenn dieselben höchstens um die nachfolgend angegebene Größe entweder um Zuviel oder Zuwenig von dem Eichungsnormal abweichen.

Größe des Gewichtsstückes.	Gestattete Abweichung bei Handelsgewichten.
50 K	5 G
50 Pf.	4 „
20 K	4 „
10 „	2,5 G
5 „	1,25 „
2 „	0,60 „
1 „	0,40 „

Größe des Gewichtsstückes.		Gestattete Abweichung bei Handelsgewichten.	
500	G	0,25	G
$\frac{1}{2}$	Pf.	0,13	„
200	G	0,10	„
100	„	0,06	„
50	„	0,05	„
20	„	0,03	„
10	„	0,02	„

(§. 20 und 44 der Eichordnung.)

4) Bei Wagen:

Für die zweiarmige Wage $\frac{1}{2000}$ ihrer Tragfähigkeit.

„   „   Dezimalwage $\frac{1}{1000}$ „   „

„   „   römische Wage $\frac{1}{1000}$ „   „

XXXI. Lehrstunde.
Maßsysteme der alten Völker.

Jede Größe kann als Maßeinheit für alle gleichartigen Größen dienen, insofern jede größere als ein Vielfaches, jede kleinere als ein Theil der zur Einheit gewählten Größe zu bezeichnen ist.

Die Wahl der Einheit ist also nur eine Sache der Uebereinkunft, und es ist leicht erklärlich, daß so unendlich viele Maßsysteme bei den verschiedenen Völkern und zu verschiedenen Zeiten in Gebrauch gekommen sind, da jede Gemeinschaft von Menschen, wenn sie nicht durch den Verkehr mit andern zu einer neuen Uebereinkunft bewogen wurde, auf eine willkührlich gewählte Maßeinheit ein für die Zwecke des täglichen Lebens genügendes Maßsystem gründen konnte. Die Verschiedenheit der Maßsysteme besteht also darin, daß einerseits verschiedene Größen als Einheiten der Maße zu Grunde gelegt, andererseits die Eintheilung des Maßes und die Vervielfältigung in verschiedenen Verhältnissen gemacht wurden.

Ueber die Entstehung älterer Maßsysteme ist uns nichts Genaues bekannt; es ist aber jedenfalls interessant und liegt in der Natur des Gegenstandes, über die Entstehungsweise der Einheit und die Wahrscheinlichkeit der Bildung eines solchen Systemes Vermuthungen aufzustellen. Schon die Bezeichnungen der Sprache deuten darauf hin, daß für das Längenmaß als Einheit meist die Länge eines Theiles des menschlichen Körpers, oder die mit Körpertheilen abzureichenden Längen gewählt wurden. Arm, Elle, Fuß, Hand, Daumen sind in dem einen Sinne, Klafter, Schritt, Spanne in dem andern Sinne solche Längenmaßeinheiten. Sobald nun das Längenmaß durch Uebereinkunft festgestellt war, so läßt sich erwarten, daß auch bereits die einfachen Beziehungen von Flächen-, Körper- und Gewichtsmaßen zum Längenmaß erkannt wurden. Flächen wurden als Quadrate, Körpergrößen als Würfel der Längenmaße, und Gewichte als Gewichte eines bestimmten Volumens einer bestimmten Substanz festgestellt. Dieß ist jedenfalls der Entwicklungsgang, den ein Maßsystem genommen haben kann, wenn man sich dessen Entstehung analog der Feststellung unserer neuesten Maßsysteme denken will.

Bevor nun über die Verbreitung des Metermaßsystemes gesprochen werden soll, mögen hier noch einige Bemerkungen über die Maßsysteme der alten Völker Platz finden.

a) Aegyptische Maße.

Man ist ziemlich allgemein darüber einverstanden, daß die Wiege der Kultur in Aegypten zu suchen sei, und wenn man bedenkt, daß die ältesten griechischen Gelehrten, z. B. Thales, Pythagoras, Euklides und Andere ihrer Studien halber nach Aegypten reisten, so wird dieß wohl kaum bezweifelt werden. Ueberlegt man ferner, daß die Astronomie in Aegypten ihren Anfang genommen, daß die Bewohner Aegyptens zur Aufführung ihrer colossalen Bauten Kenntnisse in der Geometrie und Mechanik besitzen mußten, so wird man auch den Alterthumsforschern Glauben schenken, die uns berichten, daß die Maßsysteme der alten Aegyptier bereits einen hohen Grad von Genauigkeit erlangt hatten.

Von Längenmaßen waren zwei Grundmaße vorhanden, eine größere und eine kleinere Elle. Die größere Elle war ein heiliges Maß und diente als Nil=Messer. Die kleinere Elle hielt 0,462 Meter; dieselbe wurde in 6 Palmen getheilt. 4 Palmen bildeten einen Fuß = 0,308 Meter. Zu den größeren Maßen gehörten die Ruthe, welche 10 ägyptische Fuß, also 3,079 Meter hielt und zum Ausmessen der durch die Nilüberschwemmungen unkenntlich gewordenen Felder diente. Das ägyptische Stadium enthielt 60 Ruthen und betrug in runder Zahl 185 Meter. Das gebräuchlichste Flächenmaß war die Arura, ein Quadrat von 100 Ellen Seite, das wichtigste Körpermaß die Artabe = 39,37 Liter.

Die Gewichtsmaße waren:

Großes Talent . . . = 43,680 Kilogramm,
Alexandrinisches Talent = 36,400   „
Kleines Talent . . . = 29,196   „

b) Jüdische Maße.

Dieselben sind verhältnißmäßig sehr genau bekannt, weil sie meistens in den heiligen Schriften vorkommen; sie sind ursprünglich den ägyptischen entlehnt, haben aber allmählig verschiedene Veränderungen erlitten.

Tagereise war eine Strecke von 200 ägyptischen Stadien und betrug also 200 × 184,72 oder 36944 Meter.

Die Meile der Juden, Sabbathweg genannt, hatte 7,5 Stadien oder ungefähr 1108 Meter. Das hebräische Stadium war kleiner als das eigentliche ägyptische und betrug 147,8 Meter. Der Schritt oder die doppelte Elle war eine gewisse Normalgröße, deren gerade 1000 auf eine Meile gingen, und seine Größe betrug sonach 1,108 Meter. Die kleineren Maße waren die Palme = 0,0924 Meter, der Doppelzoll = 0,0462, und der einfache Zoll = 0,0231 Meter.

Die Maßeinheit für Flüssigkeiten war 1 Bath, für die Trockenmaße 1 Epha, welche mit der ägyptischen Artabe identisch sind. Maßeinheit für die Gewichte war das Talent gleich dem großen ägyptischen Talent.

c) Griechische Maße.

Bei der ausgebreiteten Literatur der Griechen und

ihrer Bekanntschaft mit allen cultivirten Völkern, indem namentlich Wissenschaft und Kunst von den Aegyptern zu ihnen übergingen, läßt sich erklären, daß sie auch mit den verschiedenen Maßen bekannt wurden.

Das Grundmaß der Längenmaße ist der griechische oder olympische Fuß, der in ganz Griechenland derselbe war; $1\frac{1}{2}$ Fuß bildeten 1 Elle = 0,462 Meter; der Fuß betrug also 0,308 Meter; die Unterabtheilungen waren:

$$1 \text{ Elle} = 1\frac{1}{2} \text{ Fuß} = 6 \text{ Palmen} = 12 \text{ Kondylen} = 24 \text{ Daktylen.}$$

Ein eigentliches griechisches Längenmaß ist das Sta= dium, für welches jedoch verschiedene Werthe angegeben werden; das ägyptische, auch griechische oder olympische und römische Stadium hielt 184,7 Meter. Die Haupteinheit für Flächenmaße war das Plethrum, eine quadratische Fläche von 100 griechischen Fußen oder 30,78 Meter Seite, also 947,4 Quadratmeter Fläche.

Das Hauptmaß für trockene Körper war bei den Griechen der Medimnus = 52,49 Liter; das nächste kleinere die Metreta = 39,37 Liter, wovon also $1\frac{1}{3}$ auf den Medimnus gingen. Eigentliches Getreidemaß war der Hekteus = 8,75 Liter, also der sechste Theil des Medimnus; für Flüssigkeiten wurden insbesondere der Chönix = 1,09 Liter und der Xestes = 0,55 Liter benützt.

Die Einheit für Gewichte war das Talent, wobei das äginäische = 43680,4 Gramm und das attische = 66196,2 Gramm zu unterscheiden sind. Jedes Talent hielt 20 Minen, die Mine 100 Drachmen. Der Obolus war der sechste Theil einer Drachme und kommt zunächst nur als Gewicht einer Münze vor. Auf den Obolus gingen sechs kleine Kupfermünzen, die kleinsten der Griechen, welche den Namen Chalkus führten.

d) Römische Maße.

Das Maßsystem der Römer setzt sich mit dem der Griechen in ein einfaches Verhältniß, was sich aus dem lebhaften Verkehr Italiens mit Griechenland in sehr alten Zeiten entnehmen läßt; besonders sind die Korinther als Träger eines solchen Verkehrs anzusehen. In Korinth war das äginäische System gebräuchlich, und daraus erklärt es sich, daß zunächst römisches Gewicht mit dem äginäischen in einer einfachen Beziehung steht.

Ein genau bestimmtes Längenmaß war die römische Meile = 1477,8 Meter; sie enthielt 1000 Schritte, jeden zu 5 Fuß. Dazwischen lag noch die Ruthe (pertica) von 10 Fuß Länge. Die Elle der Römer (cubitus) reichte vom Ellbogen bis zur Spitze des Zeigefingers und ist = 0,443 Meter zu setzen. Der römische Fuß beträgt 0,2959 Meter. Der Fuß enthielt 4 Palmen (palma), jede = 0,07397 Meter und 12 Zoll (uncia). Ein neueres Maß ist die Fingerbreite (digitus), deren vier auf eine Palme, also 16 auf den Fuß gingen = 0,0185 Meter.

Das hauptsächlichste Landmaß war das Juchart (jugerum), eine rechteckige Fläche von 240 röm. Fuß Länge und 126 Fuß Breite oder 2521,6 Quadratmeter Fläche.

Die wichtigsten Körpermaße waren die Amphora = 26,24 Liter, die in 8 Theile Congius, jeder = 3,28 Liter, und in 48 Sextarien à 0,55 Liter getheilt wurde.

Die Einheit für die Gewichte war das Pfund (libra) welches in 12 Unzen zerfiel; die Gewichtsreihe war folgende:

Centumpodium . .	32745,3	Gramm,
Libra	327,5	"
Uncia	27,3	"
Drachma . . .	3,4	"
Scrupulum . . .	1,14	"

Bei dem Uebergang der Wissenschaften und Künste von den Griechen zu den Römern, und von dort zu den übrigen occidentalischen Völkern wurde bei diesen zugleich die Kenntniß der verschiedenen Maße verbreitet. Der römische und griechische Fuß wurde aber bei den verschiedenen Nationen nicht unverändert angenommen, sondern allenthalben Veränderungen an demselben vorgenommen, so daß dadurch eine außerordentliche Verschiedenheit der Maßsysteme ent=

stand. In welch' willkürlicher Weise bei solchen Einheits= Bestimmungen verfahren wurde, möge folgendes Beispiel zeigen. Der deutsche Geometer Jakob Köbel sagt darüber (Geometrey, Frankfurt 1584): „Man soll 16 Mann, klein und groß, wie die ungefehrlich nach einander aus der Kirchen gehen, einen jeden vor den andern einen Schuh stellen lassen; dieselbige Lenge werde und solle seyn ein gerecht gemein Meßrute, damit man das Feld messen soll."

Der große Uebelstand der verschiedenen Maßsysteme, der sich sowohl im internationalen als auch im Lokal= Verkehr zeigt, da ja häufig jede Stadt ihre eigenen Maße besitzt, sollte durch die Einführung des metrischen Systemes gehoben werden, und zugleich sollte diesem Systeme als Einheit eine der Natur entnommene Größe, die also nie zerstört werden kann, zu Grunde gelegt werden.

XXXII. Lehrstunde.
Verbreitung und Zukunft des metrischen Systemes.

Das metrische Maßsystem sollte nach der Absicht der Begründer nicht für Frankreich allein ins Leben gerufen werden; es sollte allen Völkern dienen und sollte alle andern Maße verdrängen. In der That hat man sich in den siebenzig Jahren, seit welchen dieses Maßsystem begründet ist, diesem Ziel beträchtlich genähert. In Frankreich, Belgien, Holland, Portugal, Spanien, Griechenland, der Schweiz, in Oesterreich, im deutschen Reiche ist dasselbe in allen wesent= lichen Punkten bereits eingeführt, oder es ist die Einführung in naher und bezeichneter Frist beschlossen. Auch in England sind die Wege betreten, welche zu dem gleichen Ziel führen werden. Seit dem Jahre 1855 ist in London eine inter= nationale Gesellschaft zum Zwecke der Erlangung gleichen Maßes und Gewichtes gegründet. Schon in der zweiten Generalversammlung wurde anerkannt, daß unter dreizehn verschiedenen in Vorschlag gebrachten Maßeinheiten nur das Meter allen Anforderungen entspreche, und daß alles Be= mühen der Gesellschaft dahin zu richten sei, für Einführung des Meters und des metrischen Systemes zu wirken. Gewiß ist für ein Land mit so entwickelter Industrie die Schwierigkeit, zu einem neuen Maßsystem überzugehen, nicht gering; aber ebenso gewiß ist, daß das Bedürfniß, für den internationalen Verkehr gleiches Maß zu besitzen, schließlich alle Hindernisse überwinden wird.

Noch rascher hat das metrische System bei den Männern der Wissenschaft Eingang gefunden. Zur Mittheilung der Resultate quantitativer Untersuchungen ist es beinahe ausschließlich in Anwendung. Ohne Verabredung und ohne gesetzliche Bestimmung, lediglich geleitet durch das Bedürfniß leichterer Verständigung, hat man dem metrischen System sich zugewendet. Allerdings ging auch der Anstoß, ein neues, allgemein annehmbares Maßsystem ausfindig zu machen, von Männern der Wissenschaft aus.

Es war der berühmte niederländische Forscher Huyghens, der schon mit dem Beginne exacter Forschung in der Naturlehre zuerst die Nützlichkeit des Gebrauches gleichen Maßes betonte. Er, der Erfinder der Penduluhren und der Gesetze der Schwingungen des physischen Pendels, schlug vor (1673), die Länge des Sekundenpendels, als eine durch die Natur gegebene Länge zur Einheit anzunehmen, und den dritten Theil dieser Länge, welche nur wenig von den gebräuchlichen Fußmaßen abweicht, mit dem Namen Horarium zu bezeichnen. Er setzt hinzu: Diese Einheit würden nicht allein alle Völker aller Orten leicht auffinden, sondern sie würde auch in kommenden Zeiten immer wieder hergestellt werden können, so daß auch die spätesten Nachkommen Alles, was nach dieser Einheit ausgedrückt wird, zu verstehen im Stande wären.

Noch in demselben Jahre mußte diesem Vorschlag eine Einschränkung beigefügt werden, indem Richer aus verschiedenen Pendelbeobachtungen von Paris und von Cayenne nachwies, daß die Länge des Sekundenpendels eine, von der geographischen Breite des Ortes abhängige, Größe sei. Man mußte also, wollte man an dem Vorschlag von Huyghens festhalten, sich für die Pendellänge eines Ortes bestimmter Breite entscheiden.

Dieser Umstand in Verbindung mit dem weitern, daß die so bestimmte Längeneinheit etwas Fremdartiges enthält, nämlich die Zeit und ein willkürliches Element, die Theilung des Tages in 86400 Sekunden gab die Veranlassung, von diesem Vorschlag abzugehen und sich zu dem neuen zu wenden: einen aliquoten Theil des Erdumfanges als Längeneinheit dem neuen System zu Grunde zu legen.

Zur Bestimmung dieser neuen Einheit wurde in Frankreich 1790 eine Commission niedergesetzt, die aus den ausgezeichnetsten französischen Mathematikern und Astronomen Laplace, Borda, Lagrange, Monge und Condorcet gebildet war. Diese machte den Vorschlag, man solle einen hinlänglich langen Theil des Meridianquadranten durch Gradmessungen bestimmen, daraus die Länge des Quadranten rechnen und den zehnmillionsten Theil desselben unter dem Namen Meter dem neuen System zu Grunde legen. Dieser Vorschlag wurde am 26. März 1791 der Nationalversammlung vorgelegt, nach vier Tagen sanktionirt und sogleich mit den Gradmessungen begonnen. Die französischen Gelehrten Delambre und Mechain bestimmten nun die Länge des Erdmeridianes, indem sie etwa den 40. Theil desselben von Dünkirchen unter 51⁰ 21′ nördlicher Breite bis Barcelona unter 41⁰ 21′ nördl. Breite direkt maßen. Sie hatten bei ihren Arbeiten mit großen Schwierigkeiten zu kämpfen, da dieselben gerade in die Zeit der französischen Revolution fielen und beendeten sie im Jahre 1798. Unter Arago und Biot wurden diese Messungen später bis zur Insel Formentera (39⁰ nördl. Breite) ausgedehnt und ergaben als Länge für den Meridianquadranten 5130740 Toisen und darnach für das Meter, den zehnmillionsten Theil des Quadranten, eine Länge von 443,2959 Pariser Linien des alten französischen Maßes.

Auf diese Basis gegründet hat das metrische System, wie schon oben erwähnt, bereits eine sehr große Verbreitung gefunden, und es hat den Anschein, als werde es in nicht sehr langer Zeit im internationalen Verkehr alle andern Maße verdrängen.

Man darf sich indessen nicht täuschen und glauben, daß hiemit ein Zeugniß abgelegt sei für die glückliche Wahl der Einheit, die dem Systeme zu Grunde liegt, oder für die Nomenclatur, die mit der Absicht dem alten Sprach= schatz entnommen ist, um hierdurch annehmbar für alle Nationen zu werden. In beiden Richtungen ließen sich be= gründete Bedenken erheben und sind auch wirklich erhoben worden. Einmal ist jedenfalls die Länge des Meters selbst keine glücklich gewählte; dann ist die Einheit des Körper= maßes, das Kubikdezimeter oder Liter nicht direkt aus der Längeneinheit, sondern erst aus einer Unterabtheilung der= selben abgeleitet; ferner ist die Grundlage des Gewichts= systemes, das Gramm, eine Einheit, die mehr für die Wissenschaft als den Verkehr geeignet ist, und es wäre jedenfalls vortheilhafter und einfacher gewesen, das Kilo= gramm unter dem Namen Gramm einzuführen; auch gegen die Benennungen wurden schon häufig Einwürfe gemacht. Der Gebrauch wird indessen ohne alles Zuthun und ohne jede Vorschrift Vereinfachungen herbeiführen. So ist es bereits in Frankreich und Belgien der Fall, daß man nur sehr beschränkten Gebrauch macht von den Namen, die Theile und Vielfache der Einheit bezeichnen. In Längenmessungen bezeichnet man die Distanzen ganz einfach nach der Anzahl der Meter, ohne die Benennungen Dekameter, Hektometer, zu gebrauchen; größere Weglängen bezeichnet man durch die Anzahl der Kilometer und verzichtet auf die Bezeich= nung Myriameter. Kleinere Gewichte werden in der An= zahl der Gramme, größere in der Anzahl der Kilogramme angegeben, aber man gebraucht nicht leicht die Namen Deka= gramm, Hektogramm.

Kein Gesetz schreibt vor, daß man in voller Ausdehnung von der Nomenclatur Gebrauch machen müsse; es steht voll= kommen frei, ob man sagen will 1824 Meter, oder 1 Kilo= meter, 8 Hektometer, 2 Dekameter, 4 Meter. Die Weit= läufigkeit der zweiten Bezeichnungsart wird jedenfalls der Kürze der erstern weichen müssen.

Der Hauptvorzug des metrischen Systemes ist in der dezimalen Theilung, sowie in der einfachen Ableitung der Gewichtseinheit aus der Längeneinheit begründet; dieser

Vorzug ist aber ein so bedeutender, daß er alle oben ange=
führten Bedenken gegen das System überwunden hat, daß
schon jetzt mehr als 100 Millionen Menschen das Meter=
system angenommen haben, und daß es gewiß noch immer
weiteren Fuß in der civilisirten Welt fassen wird.

Anhang.
Anleitung zum Gebrauche des neuen Maßes und Gewichtes.

I. Längenmaße.

Was bisher mit **Fuß** und **Elle** gemessen wurde, mißt
man nun mit dem **Meter** (m). Wie der Fuß in Zoll
und Linien, so ist das Meter in 10 **Dezimeter** (dm), 100
Zentimeter (cm) und 1000 **Millimeter** (mm) getheilt.

$$1^{m} = 10^{dm} = 100^{cm} = 1000^{mm}$$
$$1^{dm} = 10^{cm} = 100^{mm}$$
$$1^{cm} = 10^{mm}$$

10 Meter heißen ein **Dekameter** (Dm), 1000 Meter
ein **Kilometer** (Km).

Das Meter ist ungefähr $3\frac{1}{2}$ Fuß (Länge eines Holz=
scheites), genauer $3'\ 4''\ 2\frac{6}{10}'''$ decimal $= 3'\ 5''\ 1'''$
duodecimal Maß lang; umgekehrt ist 1 Fuß $= 292^{mm}$.

$24'$ sind $= 7^{m}$, also ist
$1' = \frac{7}{24}^{m}$ (Verhältnißzahl).

Anwendung. 1) 36 Fuß wie viele Meter?
$$36\ \text{Fuß} = 36 \times \frac{7}{24}^{m} = 10\frac{1}{2}^{m}.$$

2) (Preisverwandlung.) Wenn der laufende Fuß 21 kr.
kostet, was kostet das Meter?

Das Meter kostet $21 \times \frac{24}{7}$ kr. $= 1$ fl. 12 kr.

5 Zoll Duodezimal sind nahe $= 12$ Zentimeter, also
ist 1 Zoll $= \frac{12}{5}$ Zentimeter (Verhältnißzahl).

Anwendung. 11 Zoll wie viele Centimeter?
$$11\ \text{Zoll} = 11 \times \frac{12}{5}^{cm} = 26\frac{2}{5}^{cm}.$$

1 Elle ist $= 833^{mm}$.

6 Ellen sind 5 Meter, also ist
1 Elle $= \frac{5}{6}^{m}$ (Verhältnißzahl).

Anwendung. 1) 15 Ellen wie viele Meter?
$$15\ \text{Ellen} = 15 \times \frac{5}{6}^{m} = 12\frac{1}{2}^{m}.$$

10 *

2) (Preisverwandlung.) Wenn die Elle 45 kr. kostet, was kostet das Meter?

Das Meter kostet $45 \times \frac{6}{5} = 54$ kr., also kostet das Meter **um den fünften Theil mehr** als die Elle.

1 Kilometer hat 3426′ und ist der Weg, der in einer kleinen Viertelstunde gegangen wird.

II. Flächenmaße.

Die Oberflächen der Körper, die bisher durch **Quadratfuße** gemessen wurden, mißt man mit dem **Quadratmeter** ($\square^{m}$), d. i. einem regelmäßigen Viereck, welches 1 ^{m} lang und breit ist. Das Quadratmeter theilt man in 100 **Quadratdezimeter** ($\square^{dm}$), in 10000 **Quadratzentimeter** ($\square^{cm}$) und in 1000000 **Quadratmillimeter** ($\square^{mm}$). 100 $\square^{m}$ heißen das **Ar**, 10000 $\square^{m}$ oder 100 **Ar** heißen das **Hectar**. Wie bisher durch **Tagwerke** und **Dezimalen**, so werden in Zukunft (vom Jahre 1878 an) die Felder durch **Hectare** und **Are** gemessen.

$$47 \; \square' \text{ sind } = 4 \; \square^{m} \text{ (sehr nahe)},$$
$$\text{also ist } 1 \; \square' = {}_{3}\tfrac{4}{7} \; \square^{m} \text{ (Verhältnißzahl).}$$

Anwendung. 188 $\square'$ wie viele $\square^{m}$?

$$188 \; \square' = 188 \times {}_{3}\tfrac{4}{7} \; \square^{m} = 16 \; \square^{m}.$$

10 $\square''$ Duodezimal sind nahe $= 59$ $\square$ Centimeter, also ist 1 $\square'' = \frac{59}{10} \; \square^{cm}$ (Verhältnißzahl).

Anwendung. 13 $\square''$ wie viele $\square^{cm}$?

$$13 \; \square'' = 13 \times \tfrac{59}{10} \; \square^{cm}$$
$$= 76\tfrac{7}{10} \; \square^{cm}.$$

44 Tagwerke sind sehr nahe 15 Hectare, also ist 1 Tagwerk $= \tfrac{15}{44}$ Hectar (Verhältnißzahl).

Anwendung. 66 Tagwerk 88 Dezimalen, wie viele Hectare?

$$66 \, \text{Tgw. } 88 \, \text{Dzm.} = 66{,}88 \times \tfrac{15}{44} = 22{,}80$$
$$\text{Hectare, oder 22 Hectare 80 Are.}$$

III. Körpermaße.

Was bisher durch **Cubikfuße** und **Schachtruthen** ausgedrückt wurde, das mißt man nun durch **Cubikmeter** (c^{m}). Ein Cubikmeter ist ein Würfel, welcher 1 ^{m} lang, breit und hoch ist. Das Cubikmeter wird eingetheilt in 1000 **Cubikdezimeter** (c^{dm}) oder **Liter** (L), das Cubikdezimeter in 1000 **Cubikzentimeter** (c^{cm}).

Das Cubikmeter enthält ungefähr 40 $^{C\prime}$ (genauer 40¼ Cubikfuß); der Cubikfuß ist also nahe $\frac{1}{40}$ c^m. 2½ c^m sind nahe gleich 1 Schachtruthe.

Das **Holz** wird durch **Stere** gemessen. 1 Ster ist = 1 c^m.

3 Ster sind um Weniges (ungefähr 5—6 $^{C\prime}$) kleiner als die bayerische Holzklafter.

IV. Hohlmaße.

Die Flüssigkeiten und ebenso auch Mehl, Getreide u. s. w. mißt man mit dem **Liter** (L). Das Liter ist ein Cubikdezimeter. 100 Liter heißen ein **Hektoliter** (HL).

Das Liter ist kleiner als die bisherige bayerische Maß; es sind nämlich

$$14 \text{ Maß} = 15 \text{ Liter (sehr nahe)},$$

also ist 1 Maß = $\frac{15}{14}$ Liter (Verhältnißzahl).

Anwendung. 1) 49 bayerische Maß wie viele Liter?

$$49 \text{ Maß} = 49 \times \tfrac{15}{14} \text{ L} = 52\tfrac{1}{2} \text{ L}.$$

2) (Preisverwandlung.) Was kostet das Liter, wenn die bayerische Maß 7½ kr. kostet?

Das Liter kostet $7\tfrac{1}{2} \times \tfrac{14}{15}$ kr. = 7 kr.

9 bayerische Schäffel sind nahe 20 Hectoliter,

also ist 1 Schäffel = $\frac{20}{9}$ Hectoliter (Verhältnißzahl).

Anwendung. 1) Wie viele Hectoliter sind 42 Schffl.?

$$42 \text{ Schffl.} = 42 \times \tfrac{20}{9} \text{ HL} = 93\tfrac{1}{3} {}^{HL}.$$

2) (Preisverwandlung.) Wie viel kostet 1 ^{HL}, wenn der Preis des Schäffels 15 fl. ist?

1 ^{HL} kostet $15 \times \tfrac{9}{20}$ fl. = $6\tfrac{3}{4}$ fl.

6 Dreißiger ($\frac{1}{32}$ Metzen) sind nahe 7 Liter,

also ist 1 Dreißiger = $\frac{7}{6}$ Liter (Verhältnißzahl).

Anwendung. 1) 27 Dreißiger wie viele Liter?

$$27 \text{ Drßg.} = 27 \times \tfrac{7}{6} \text{ L} = 31\tfrac{1}{2} \text{ L}.$$

Der bayer. Metzen hält sehr nahe 37 Liter.

2) (Preisverwandlung.) Was kostet das Liter, wenn ein Dreißiger 21 kr. kostet?

Das Liter kostet $21 \times \tfrac{6}{7}$ = 18 kr.

V. Gewichte.

Das **Kilogramm** (Kgr) ist das Gewicht des Wassers, welches 1 Liter ausfüllt. Das Kilogramm hat 1000 **Gramm** (gr).

Das halbe Kilogramm heißt das **Pfund** (500 ^{gr}); das halbe Pfund hat 250 ^{gr}. **Ein Viertelpfund oder ein halbes Viertelpfund gibt es nicht;** dagegen gibt es Gewichtssteine von 200 ^{gr} und 100 ^{gr}. Man wird nun statt des früheren Vierlings 150 ^{gr} und statt des halben Vierlings 70 ^{gr} verlangen, wobei im ersteren Falle $\frac{1}{14}$ des Preises zuzuschlagen ist.

100 bayer. ℔ sind genau 112 neue ℔ oder Zollpfund, oder
    25 „ ℔ „ 1 „ „ 28 „ ℔ „ (genau)„
        also ist 1 bayer. ℔ $= \frac{28}{25}$ neue ℔ (genau),
oder angenähert 1 bayer. ℔ $= \frac{9}{8}$ neue ℔ (Verhältnißzahl).

Anwendung. 1) Wie viele neue ℔ sind 44 alte ℔?
            44 bayer. ℔ $= 44 \times \frac{9}{8} = 49\frac{1}{2}$ n. ℔

2) (Preisverwandlung.) Was kostet das neue ℔, wenn das alte 27 kr. kostet.

        Das neue ℔ kostet $27 \times \frac{8}{9} = 24$ kr.

Bemerkung. Das neue Pfund kostet also immer **um den neunten Theil weniger,** als das alte.

Ein Loth, welches dem früheren genau entspricht, gibt es nicht mehr; statt eines Lothes wird man nun 20 **Gramm** kaufen; man hat dann um $\frac{1}{7}$ mehr als 1 Loth, und der Preis von 20 ^{gr} ist also auch um $\frac{1}{7}$ höher, als der des Lothes.

Anwendung. Was kosten 20 ^{gr}, wenn das Loth 21 kr. kostet?

    20 ^{gr} kosten $21 + \frac{1}{7} \times 21 = 24$ kr.

Statt des bisherigen **Quintes** wird man in Zukunft 5 **Gramm** kaufen; man hat dann ebenfalls $\frac{1}{7}$ mehr als 1 Quint und dem entsprechend ist der Preis von 5 ^{gr} um $\frac{1}{7}$ höher als der des Quintes.

Anwendung. Was kosten 5 gr, wenn das Quint $1\frac{3}{4}$ kr. kostet?

    5 ^{gr} kosten $1\frac{3}{4} + \frac{1}{7} \times \frac{7}{4} = 2$ kr.

Vergleichungs-Tabellen

der

bisherigen bayrischen Maße und Gewichte mit den metrischen und umgekehrt.

1) Alte und neue Längenmaße.

Linien d.d.Mß.	mm.	Linien d.c.Mß.	mm.	Zoll d.d.Mß.	mm.	Zoll d.c.Mß.	mm.	Fuß	Metr.	Fuß	Meter.
1	2,027	1	2,919	1	24,322	1	29,186	1	0,29186	10	2,9186
2	4,054	2	5,837	2	48,643	2	58,372	2	0,58372	20	5,8372
3	6,080	3	8,756	3	72,965	3	87,558	3	0,87558	30	8,7558
4	8,107	4	11,674	4	97,287	4	116,744	4	1,16744	40	11,6744
5	10,134	5	14,593	5	121,608	5	145,930	5	1,45930	50	14,5930
6	12,161	6	17,512	6	145,930	6	175,116	6	1,75116	60	17,5116
7	14,188	7	20,430	7	170,252	7	204,302	7	2,04302	70	20,4302
8	16,214	8	23,349	8	194,573	8	233,488	8	2,33488	80	23,3488
9	18,241	9	26,267	9	218,895	9	262,674	9	2,62674	90	26,2674
10	20,268	10	29,186	10	243,217	10	291,860	10	2,91860	100	29,1860
11	22,295			11	267,538						
12	24,322			12	291,860						

2) Neue und alte Längenmaße.

mm.	Linien d. d. Maß.	Linien d. c. Maß.
1	0,4934	0,3426
2	0,9868	0,6853
3	1,4802	1,0279
4	1,9735	1,3705
5	2,4670	1,7131
6	2,9603	2,0558
7	3,4537	2,3984
8	3,9471	2,7410
9	4,4405	3,0837
10	4,9339	3,4263

cm.	Zoll, Linien d. d. Maß.		Zoll, Linien d. c. Maß.	
1	–	4,9339	–	3,4263
2	–	9,8678	–	6,8526
3	1	2,8016	1	0,2789
4	1	7,7355	1	3,7052
5	2	0,6694	1	7,1315
6	2	5,6032	2	0,5578
7	2	10,5371	2	3,9841
8	3	3,4710	2	7,4104
9	3	8,4049	3	0,8367
10	4	1,3387	3	4,2630

dm.	Fuß, Zoll, Linien d. d. Maß.			Fuß, Zoll, Linien d. c. Maß.		
1	–	4	1,3387	–	3	4,263
2	–	8	2,6774	–	6	8,526
3	1	0	4,0162	1	0	2,789
4	1	4	5,3549	1	3	7,052
5	1	8	6,6936	1	7	1,315
6	2	0	8,0323	2	0	5,578
7	2	4	9,3711	2	3	9,841
8	2	8	10,7098	2	7	4,104
9	3	1	0,0485	3	0	8,367
10	3	5	1,3872	3	4	2,630

Meter	Fuß
1	3,4263
2	6,8526
3	10,2789
4	13,7052
5	17,1315

Meter	Fuß
6	20,5578
7	23,9841
8	27,4104
9	30,8367
10	34,2630

Meter	Fuß
10	34,263
20	68,526
30	102,789
40	137,052
50	171,315

Meter	Fuß
60	205,578
70	239,841
80	274,104
90	308,367
100	342,630

3) Flächenmaße.

Alte und neue.

□Linien d.d. Maß	□mm	□Zoll d.d. Maß	□cm	Ein. dc. Mß. (□Zoll/□Fuß)	□mm/□cm/□dm
1	4,11	1	5,92	1	8,52
2	8,22	2	11,83	2	17,04
3	12,32	3	17,75	3	25,55
4	16,43	4	23,66	4	34,07
5	20,54	5	29,58	5	42,59
6	24,65	6	35,49	6	51,11
7	28,76	7	41,41	7	59,63
8	32,86	8	47,32	8	68,15
9	36,97	9	53,24	9	76,66
10	41,08	10	59,15	10	85,18
20	82,16	20	118,31	20	170,36
30	123,24	30	177,46	30	255,55
40	164,32	40	236,62	40	340,73
50	205,40	50	295,77	50	425,91
60	246,47	60	354,92	60	511,09
70	287,55	70	414,′8	70	596,27
80	328,63	80	473,23	80	681,46
90	369,71	90	532,39	90	766,64
100	410,79	100	591,54	100	851,82
110	451,87	110	650,69		
120	492,95	120	709,85		
130	534,03	130	769,00		
140	575,11	140	828,16		
144	591,54	144	851,82		

Neue und alte.

□mm	□Linien d.d. Maß	□cm	□Zoll d.d. Maß	□cm/□dm/□m	Ein. dc. Mß. (□Zoll/□Fuß)
1	0,24	1	0,17	1	11,74
2	0,49	2	0,34	2	23,48
3	0,73	3	0,51	3	35,22
4	0,97	4	0,68	4	46,96
5	1,22	5	0,85	5	58,70
6	1,46	6	1,01	6	70,44
7	1,70	7	1,18	7	82,18
8	1,95	8	1,35	8	93,92
9	2,19	9	1,52	9	105,66
10	2,43	10	1,69	10	117,40
20	4,87	20	3,38	20	234,79
30	7,30	30	5,07	30	352,19
40	9,74	40	6,76	40	469,58
50	12,17	50	8,45	50	586,98
60	14,61	60	10,14	60	704,38
70	17,04	70	11,83	70	821,77
80	19,47	80	13,52	80	939,17
90	21,91	90	15,21	90	1056,56
100	24,34	100	16,91	100	1173,96

4) Bayrisches und metrisches Feldmaß.

Tag= wert	Hektare	Tag= wert	Hektare	Hektare	Tagwert	Hektare	Tagwert
1	0,34073	6	2,04436	1	2,9349	6	17,6094
2	0,68145	7	2,38509	2	5,8698	7	20,5443
3	1,02218	8	2,72582	3	8,8047	8	23,4792
4	1,36291	9	3,06655	4	11,7396	9	26,4141
5	1,70364	10	3,40727	5	14,6745	10	29,3490

5) Körpermaße.

Alte und neue.

Cubikzoll d. d. Maß	Cubik-centimeter	Cubikfuß — Cubikzoll d.e.Maß — Cubikfuß in d.e.Maß	Cub. Decim. — Cub. Centim. — Cub. Millim.
1	14,39	1	24,86
2	28,77	2	49,72
3	43,16	3	74,58
4	57,55	4	99,44
5	71,94	5	124,31
6	86,32	6	149,17
7	100,71	7	174,03
8	115,10	8	198,89
9	129,48	9	223,75
10	143,87	10	248,61
20	287,74	20	497,22
30	431,62	30	745,83
40	575,49	40	994,44
50	719,36	50	1243,05
60	863,23	60	1491,66
70	1007,10	70	1740,27
80	1150,98	80	1988,88
90	1294,85	90	2237,49
100	1438,72	100	2486,10
1000	14387,21	1000	24861,0
1728	24861,0		

Neue und alte.

Cubik-centimeter	Cubikzoll d. d. Maß	Cub. Meter — Cub. Decim. — Cub. Cent.	Cubikfuß — Cubikzoll d.e.Maß — Cubikfuß in d.e.Maß
1	0,070	1	40,223
2	0,139	2	80,447
3	0,209	3	120,671
4	0,278	4	160,894
5	0,348	5	201,118
6	0,417	6	241,341
7	0,487	7	281,565
8	0,556	8	321,788
9	0,626	9	362,012
10	0,695	10	402,235
20	1,390	20	804,470
30	2,085	30	1206,705
40	2,780	40	1608,940
50	3,475	50	2011,175
60	4,170	60	2413,410
70	4,865	70	2815,645
80	5,560	80	3217,880
90	6,256	90	3620,115
100	6,951	100	4022,350
1000	69,506	1000	40223,5

6) Alte und neue Flüssigkeitsmaße.

Schoppen	Liter	Maß	Liter	Maß	Liter	Maß	Liter
1	0,267	18	19,242	38	40,623	58	62,004
2	0,535	19	20,312	39	41,692	59	63,073
3	0,802	20	21,381	40	42,761	60	64,142
1 Maß	1,069	21	22,450	41	43,830	61	65,211
2	2,138	22	23,519	42	44,899	62	66,280
3	3,207	23	24,588	43	45,968	63	67,349
4	4,276	24	25,657	44	47,037	64	68,418
5	5,345	25	26,726	45	48,106	Eimer	Hektoliter
6	6,414	26	27,795	46	49,175	1	0,6842
7	7,483	27	28,864	47	50,244	2	1,3683
8	8,552	28	29,933	48	51,313	3	2,0525
9	9,621	29	31,002	49	52,382	4	2,7367
10	10,690	30	32,071	50	53,451	5	3,4209
11	11,759	31	33,140	51	54,520	6	4,1051
12	12,828	32	34,209	52	55,589	7	4,7893
13	13,897	33	35,278	53	56,658	8	5,4734
14	14,966	34	36,347	54	57,727	9	6,1576
15	16,035	35	37,416	55	58,796	10	6,8418
16	17,104	36	38,485	56	59,866	100	68,418
17	18,173	37	39,554	57	60,935		

7) Neue und alte Flüssigkeitsmaße.

Liter	Maß	Liter	Eimer	Maß	Netto-Liter	Eimer	Maß
1	0,935	10	—	9,354	1	1	29,54
2	1,871	20	—	18,709	2	2	59,09
3	2,806	30	—	28,063	3	4	24,63
4	3,742	40	—	37,418	4	5	54,18
5	4,677	50	—	46,772	5	7	19,72
6	5,613	60	—	56,126	6	8	49,26
7	6,548	70	1	1,481	7	10	14,81
8	7,483	80	1	10,835	8	11	44,35
9	8,419	90	1	20,189	9	13	9,89
10	9,354	100	1	29,543	10	14	39,44

8) Bayrisches und metrisches Fruchtmaß.

Metzen	Hektoliter	Schäffel	Hektoliter
1	0,3706	4	8,8944
2	0,7412	5	11,1180
3	1,1118	6	13,3416
4	1,4824	7	15,5652
5	1,8530	8	17,7888
1 Schäffel	2,2236	9	20,0124
2	4,4472	10	22,2358
3	6,6708	100	222,358

Hekto-liter	Schffl. Mtz.	Hekto-liter	Schffl. Mtz.
1	— 2,70	10	4 2,98
2	— 5,40	20	8 5,96
3	1 2,09	30	13 2,94
4	1 4,79	40	17 5,91
5	2 1,49	50	22 2,89
6	2 4,19	60	26 5,87
7	3 0,88	70	31 2,85
8	3 3,58	80	35 5,83
9	4 0,28	90	40 2,81
10	4 2,98	100	44 5,79

9). Alte und neue Gewichte.

Quint	Gramm	Loth	Gramm	Loth	Gramm	Pfund	Kilogramm
1	4,38	10	175,0	22	385,0	1	0,56
2	8,75	11	192,5	23	402,5	2	1,12
3	13,13	12	210,0	24	420,0	3	1,68
1 Loth	17,50	13	227,5	25	437,5	4	2,24
2	35,00	14	245,0	26	455,0	5	2,80
3	52,50	15	262,5	27	472,5	6	3,36
4	70,00	16	280,0	28	490,0	7	3,92
5	87,50	17	297,5	29	507,5	8	4,48
6	105,0	18	315,0	30	525,0	9	5,04
7	122,5	19	332,5	31	542,5	10	5,60
8	140,0	20	350,0	32	560,0	100	56,0
9	157,5	21	367,5	—	—		

10) Neues und altes Gewicht.

Gramm	Loth	Quint	Gramm	Pfund	Loth	Quint	Kilogr.	Pfund
1	—	0,229	100	—	5	2,857	1	1,7857
2	—	0,457	200	—	11	1,714	2	3,5714
3	—	0,686	300	—	17	0,571	3	5,3571
4	—	0,914	400	—	22	3,429	4	7,1429
5	—	1,143	500	—	28	2,286	5	8,9286
6	—	1,371	600	1	2	1,143	6	10,7143
7	—	1,600	700	1	8	0,000	7	12,5000
8	—	1,829	800	1	13	2,857	8	14,2857
9	—	2,057	900	1	19	1,714	9	16,0714
10	—	2,286	1 Kilogr.	1	25	0,571	10	17,857
20	1	0,571	2	3	18	1,143	20	35,714
30	1	2,857	3	5	11	1,714	30	53,571
40	2	1,143	4	7	4	2,286	40	71,429
50	2	3,429	5	8	29	2,857	50	89,286
60	3	1,714	6	10	22	3,429	60	107,143
70	4	0,000	7	12	16	0,000	70	125,000
80	4	2,286	8	14	9	0,571	80	142,857
90	5	0,571	9	16	2	1,143	90	160,714
100	5	2,857	10	17	27	1,714	100	178,57

Im Verlage von **R. Oldenbourg** sind folgende auf Veranlassung und in Uebereinstimmung mit den Anordnungen des kgl. Handelsministeriums hergestellte Unterrichtsmittel für die Einführung der neuen Maß- und Gewichtsordnung erschienen:

Abbildung der metrischen Maße und Gewichte. Ein Blatt in Farbendruck. 84 Centim. breit, 64 Centim. hoch. Mit Oesen zum Aufhängen. Preis 40 kr. Dasselbe aufgezogen auf Pappe mit Oesen. Preis 55 kr.

Abbildung des Meter-Maßes mit Vergleichung des alten bayerischen Maßes. Ein Blatt auf Papyrolin (Papier mit Gewebeunterlage) gedruckt. 105 Centim. breit, 16 Centim. hoch. Mit Oesen zum Aufhängen. Preis 16 kr.

Heuner, Johann Friedrich, Uebungen zur Einführung in die neue Maß- und Gewichts-Ordnung im Königreiche Bayern. 10. Auflage. kl. 8⁰. 2½ Bog. cartonnirt. Preis 6 kr.

Ergebnisse (Auflösungen) **der Uebungen zur Einführung in die neue Maß- und Gewichts-Ordnung im Königreiche Bayern.** 5. Auflage. klein 8⁰. geheftet. Preis 4 kr.

———————

Ferner ist in gleichem Verlage erschienen:

Marschall, R. G., die Reform des Münchener Schulwesens. Mit den beiden Gutachten der Münchener Lehrerschaft. 8⁰. 100 Seiten. broschirt. Preis 12 Sgr. oder 42 kr.

Der Kirchenstreit und die bayerische Volksschule. Von einem Verwaltungsbeamten. 8⁰. IV u. 77 Seiten broschirt Preis 10 Sgr. oder 36 kr.